石油炼化岗位员工基础问答

# 催化裂化装置基础知识

刘会娥 编

石油工业出版社

## 内 容 提 要

本书以知识问答的形式介绍了催化裂化装置的基础知识，主要包括催化裂化反应及催化裂化催化剂、催化裂化原料与产品、催化裂化工艺与工程、气固流态化原理等。

本书可供广大炼油厂、石油化工厂员工使用，也可作为石油院校相关专业学生炼油厂实习的辅助教材。

**图书在版编目（CIP）数据**

催化裂化装置基础知识 / 刘会娥编 .—北京：石油工业出版社，2022.6
（石油炼化岗位员工基础问答）
ISBN 978-7-5183-5276-0

Ⅰ.①催… Ⅱ.①刘… Ⅲ.①催化裂化－裂化装置－问题解答 Ⅳ.① TE966-44

中国版本图书馆 CIP 数据核字（2022）第 043401 号

出版发行：石油工业出版社
　　　　　（北京安定门外安华里 2 区 1 号　100011）
　　　　　网　址：www.petropub.com
　　　　　编辑部：(010) 64523825　图书营销中心：(010) 64523633
经　　销：全国新华书店
印　　刷：北京中石油彩色印刷有限责任公司

2022 年 6 月第 1 版　2022 年 6 月第 1 次印刷
850×1168 毫米　开本：1/32　印张：3.5
字数：70 千字

定价：30.00 元
（如出现印装质量问题，我社图书营销中心负责调换）
版权所有，翻印必究

# 序

石油是当今世界最重要的一次能源，是国民经济和国防建设中不可缺少的物资之一，占世界能源消费结构的 35% 左右和全世界运输能源消费结构的 90% 以上，在国民经济中占有举足轻重的地位。随着石油工业的快速发展，炼油化工技术不断发展，炼油化工行业急需大量既掌握炼油基础理论知识、又拥有丰富生产实践经验的一线操作人员、技术人员和管理人员。为了提高炼油化工企业职工的基础理论和专业技术水平，造就一大批有理论、懂技术的专业职工队伍，需要大量石油炼化基础知识方面的工具书，《石油炼化岗位员工基础问答》丛书的出版可以大大丰富相关领域的图书品种。

该丛书在内容上涵盖了炼油化工行业大部分工艺装置，其最大特点是以介绍基础理论知识为主线，理论与实践相结合，可使从事炼油化工相关工作的专业技术人员对炼油化工基础知识有一个比较深入、全面的了解。在普及炼油化工技术知识的同时，提高职工队伍的整体素质。

该丛书的内容按照石油加工流程所涉及的装置分为《常减压蒸馏装置基础知识》《催化裂化装置基础知识》

《延迟焦化装置基础知识》《催化加氢装置基础知识》《催化重整装置基础知识》以及《石油及石油产品基础知识》等，每本书都以问答的形式系统地介绍了相关专业领域的基础理论知识，对了解石油及其产品，以及油品生产加工装置的基本概念、原理、工艺过程、影响因素等具有重要的帮助作用。

该丛书不但适合炼油化工行业的相关从业人员作为培训教材及装置技术比武的参考资料，而且还可作为石油院校相关专业学生的专业实习参考用书。另外，对炼油化工行业以外的科技人员及民众了解石油产品及其加工过程也有重要的参考作用，出版价值较高。

# 前　　言

　　催化裂化装置是石化企业进行原油深加工的重要装置，在石油加工过程中占有重要的地位。为便于炼油厂广大员工以及相关院校学生快速熟悉催化裂化工艺相关理论知识，编写了《催化裂化装置基础知识》一书。

　　本书采用问答的形式对催化裂化反应及催化剂、原料与产品、工艺过程、工艺设备、工艺特点，以及气固流态化原理等方面的基础知识进行了介绍，语言叙述尽量科学标准、通俗易懂。本书可以作为炼油厂生产技术人员和操作人员培训、技术考级、技术练兵和技能比武的基础理论教材，也可以作为相关院校学生炼油厂实习及了解有关工艺的辅助教材。

　　本书在编写过程中得到了中国石油大学（华东）化学化工学院化学工程系多位老师的大力支持和帮助，在此表示衷心的感谢。由于编者水平有限和经验不足，书中难免存在不足之处，敬请读者批评指正。

编　者

# 目 录

**第一章 催化裂化反应及催化裂化催化剂** ······················ 01
  1. 催化裂化过程中存在哪几种反应类型？ ················ 01
  2. 烃类的裂化反应是吸热反应还是放热反应？ ············ 02
  3. 烃类的催化裂化反应和热裂化反应有何不同？ ·········· 02
  4. 催化裂化反应过程有几个步骤？影响催化裂化反应
     速率的主要因素有哪些？ ···························· 03
  5. 如何解释烃类催化裂化正碳离子反应机理？ ············ 05
  6. 催化裂化反应裂化气中有少量 $C_1$ 和 $C_2$ 的原因
     是什么？ ········································ 06
  7. 烃类的催化裂化反应能力如何排序？ ·················· 07
  8. 何谓集总及集总动力学模型？ ························ 07
  9. 催化裂化的十一集总是怎样划分的？相应的十一集
     总动力学模型是怎样的？ ···························· 07
  10. 何谓催化剂的骨架密度、颗粒密度和堆积密度？ ······ 08
  11. 催化剂的孔体积如何定义？通常如何测定？ ·········· 09
  12. 催化剂的比表面积有何含义？通常如何测定？ ········ 09
  13. 什么是催化剂的平均孔径？ ························ 09
  14. 催化剂的磨损指数有何意义？ ······················ 09
  15. 裂化催化剂的使用性能包括哪些？ ·················· 10
  16. 实验室中如何测定裂化催化剂的活性？ ·············· 10
  17. 何谓平衡催化剂活性？ ···························· 10
  18. 催化剂的选择性是何含义？ ························ 10

19. 分子筛催化剂的组分是什么？ ……………………… 11
20. 工业用分子筛催化剂主要有哪些种类？各自
    有何特点？ ……………………………………… 11
21. Y 型分子筛的晶胞结构是怎样的？ ……………… 12
22. 裂化催化剂的失活原因是什么？ ………………… 13
23. 如何表示工业装置中实际的催化剂活性？ ……… 14
24. 影响裂化催化剂平衡活性的因素主要有哪些？ … 14
25. 催化裂化催化剂的平衡活性是否越高越好？ …… 14
26. 何谓催化剂的水热稳定性？怎样测定？ ………… 15
27. 催化裂化过程催化剂上焦炭的来源有哪些？ …… 15
28. 裂化催化剂再生时对含炭量有何要求？ ………… 15
29. 用于流化催化裂化工艺过程的催化剂应具有哪些
    使用性能？ ……………………………………… 16
30. 催化裂化催化剂的主要发展趋势是什么？ ……… 16
31. 裂化催化剂的酸中心主要分为哪些类别？ ……… 17
32. 空速如何定义？ …………………………………… 17
33. 剂油比如何定义？ ………………………………… 17
34. 裂化催化剂的助剂有哪几种？ …………………… 17
35. 何谓硫转移催化剂？硫转移催化剂的作用原理是什么？
    为什么使用硫转移催化剂？ …………………… 17
36. 重金属污染的原理是什么？ ……………………… 19
37. 污染指数有何含义？ ……………………………… 19
38. 为了减少催化剂的重金属污染，可采取的措施
    有哪些？ ………………………………………… 19
39. 何谓金属钝化剂？其作用原理是什么？ ………… 20
40. 辛烷值助剂在催化裂化过程中有何作用？ ……… 20
41. CO 助燃剂的作用是什么？ ……………………… 21

42. 催化裂化催化剂再生过程涉及哪些反应？
反应热多大？ ………………………………………… 21

**第二章 催化裂化原料与产品** …………………………… 22
1. 催化裂化的原料来源有哪些？ ………………………… 22
2. 原料的哪些性质会影响催化裂化产品收率和质量？ … 22
3. 油品的特性因数指的是什么？ ………………………… 22
4. 特性因数 $K$ 值对催化裂化原料裂化性能
有怎样的影响？ …………………………………………… 23
5. 各类烃的裂化性能是怎样的？ ………………………… 23
6. 什么是四组分分析？怎样进行测定？ ………………… 24
7. 催化裂化原料中的硫对催化裂化加工有何影响？ …… 24
8. 催化裂化原料中的氮对催化裂化加工有何影响？ …… 25
9. 催化裂化原料氢含量对催化裂化加工有何影响？ …… 25
10. 催化裂化装置的产品主要有哪些？ …………………… 25
11. 催化裂化装置气体产品的组成是怎样的？ …………… 25
12. 催化裂化汽油具有怎样的性质？ ……………………… 26
13. 催化裂化轻柴油具有怎样的性质？ …………………… 26
14. 催化裂化回炼油指的是什么？ ………………………… 27
15. 催化裂化澄清油指的是什么？ ………………………… 27
16. 相较于直馏蜡油催化裂化，重油催化裂化焦炭和
氢气产率高的原因是什么？ …………………………… 27

**第三章 催化裂化工艺与工程** …………………………… 28
1. 催化裂化技术的发展情况是怎样的？ ………………… 28
2. 提升管催化裂化反应有什么特点？ …………………… 30
3. 催化裂化技术今后发展会围绕哪些方面？ …………… 31
4. 何谓转化率？ …………………………………………… 32
5. 转化率有单程转化率和总转化率之分，其各自的含义
是什么？ ………………………………………………… 33

6. 空速和反应时间的含义是什么？ …………………………… 33
7. 回炼比的含义是什么？其对催化裂化装置操作
   有何影响？ …………………………………………… 34
8. 催化裂化装置一般由几个部分组成？分别是什么？ … 35
9. 反应—再生系统的反应器、沉降器、汽提段和再生器的
   主要作用是什么？ …………………………………… 35
10. 提升管反应器的基本结构是怎样的？ ………………… 36
11. 提升管反应器的直径和高度是由什么决定的？ ……… 37
12. 催化裂化提升管下端设预提升段的目的是什么？ …… 37
13. 提升管出口设置快速分离装置的目的是什么？ ……… 37
14. 催化裂化催化剂为什么需要经常再生？ ……………… 38
15. 反应进料雾化蒸汽的作用是什么？ …………………… 38
16. 催化剂汽提的作用是什么？ …………………………… 38
17. 影响催化剂汽提效果的因素有哪些？ ………………… 38
18. 反应—再生系统的三大平衡是指什么？ ……………… 39
19. 根据催化裂化工业装置的发展历程，说明各种装置中
    反应（吸热）和再生（放热）的矛盾
    是如何解决的？ ……………………………………… 39
20. 影响催化裂化热平衡的因素主要有哪些？ …………… 40
21. 在提升管反应器中，如何有效抑制催化裂化的
    二次反应？ …………………………………………… 40
22. 为什么重油催化裂化的原料雾化效果非常重要？ …… 41
23. 渣油催化裂化需要解决的技术关键有哪几点？ ……… 41
24. 渣油催化裂化的合理操作条件是怎样的？ …………… 42
25. 高反应温度对渣油催化裂化有什么影响？ …………… 43
26. 影响进料段油剂接触效果的因素有哪些？ …………… 43
27. 生产中反应温度如何控制？ …………………………… 43

28. 两段提升管催化裂化技术（TSRFCC）的主要特点是什么？ ……………………………………………… 44
29. 什么是多产异构烷烃催化裂化技术（MIP）？ ……… 45
30. 什么是 DCC 工艺？ ……………………………………… 45
31. 什么是 MSCC 工艺？ …………………………………… 47
32. 什么是 MIO 工艺？ ……………………………………… 47
33. 什么是 MGD 技术？ ……………………………………… 48
34. 什么是灵活多效催化裂化工艺（FDFCC）？ ………… 48
35. 工业上再生器的主要形式有哪些？ ………………… 49
36. 两段再生有何特点？ ………………………………… 51
37. 焦炭产率过高对催化裂化过程有什么影响？怎样减少生焦？ ……………………………………… 51
38. 在催化裂化再生器处设置取热器的目的是什么？ …… 52
39. 什么是内取热器和外取热器？ ………………………… 53
40. 内取热器有什么优点和缺点？ ………………………… 53
41. 外取热器有什么优点和缺点？ ………………………… 53
42. 影响内取热器传热系数的因素有哪些？ ……………… 54
43. 影响外取热器传热系数的因素有哪些？ ……………… 54
44. 外取热器的主要形式有哪些？ ………………………… 54
45. 再生压力或两器（反应器和再生器）压差的控制手段是什么？ ……………………………………… 55
46. 催化裂化装置设置事故蒸汽的作用是什么？ ………… 56
47. 分馏的基本原理是什么？ ……………………………… 56
48. 与其他分馏塔相比，催化裂化分馏塔的特点有哪些？ ………………………………………………… 56
49. 催化裂化分馏塔采用固舌形塔盘有什么好处？ ……… 57
50. 催化裂化分馏塔的顶循环回流、中段循环回流和塔底回流各起什么作用？ …………………………… 57

51. 分馏塔脱过热段为何用人字或工字挡板而不用塔盘? ………………………………………… 58
52. 分馏塔油浆分上下返塔的目的是什么? ………… 59
53. 催化裂化装置中吸收—稳定系统的作用是什么? …… 59
54. 吸收进行的推动力是什么? 怎样提高吸收的推动力? ………………………………………… 59
55. 吸收与蒸馏有何异同之处? …………………… 59
56. 吸收塔设置中段回流的目的是什么? ………… 60
57. 催化裂化工艺流程中除了吸收塔,还设置再吸收塔,其目的是什么? ……………………… 60
58. 稳定塔进料位置改变对汽油蒸气压有什么影响? …… 60
59. 什么是热泵? …………………………………… 61
60. 燃料的高热值和低热值分别指什么? ………… 61
61. 余热锅炉是怎样的一种设备? ………………… 61
62. 催化裂化烟气的动力是如何回收的? ………… 63
63. 催化裂化装置的余热如何回收较为节能? …… 63
64. 什么叫露点腐蚀? 如何防止露点腐蚀? ……… 64

## 第四章 气固流态化原理 …………………………… 66

1. 什么叫固定床? ………………………………… 66
2. 什么叫移动床? ………………………………… 67
3. 什么叫流化床? ………………………………… 67
4. 什么叫初始流态化? …………………………… 67
5. 床层空隙率指的是什么? ……………………… 68
6. Geldart 颗粒分类法是怎样对颗粒进行分类的? …… 68
7. 什么叫散式流态化? …………………………… 70
8. 什么叫聚式流态化? …………………………… 70
9. 什么叫鼓泡流态化? …………………………… 71

10. 什么叫湍动流态化？ ……………………………… 72
11. 什么叫密相流态化？ ……………………………… 72
12. 什么是节涌现象？ ………………………………… 72
13. 什么是沟流现象？ ………………………………… 74
14. 什么是颗粒真密度？ ……………………………… 75
15. 什么是颗粒密度？ ………………………………… 75
16. 什么是颗粒堆积密度？ …………………………… 76
17. 颗粒的比表面积有何含义？ ……………………… 77
18. 什么是颗粒的等效直径？ ………………………… 77
19. 什么是颗粒的球形度？ …………………………… 79
20. 什么是颗粒的终端速度？ ………………………… 79
21. 什么叫快速流态化？ ……………………………… 81
22. 气力输送是怎样的一种状态？ …………………… 81
23. 噎塞是怎样的一种现象？ ………………………… 83
24. 流化床的自由空域指的是什么？ ………………… 84
25. 扬析和夹带分别有什么含义？ …………………… 84
26. 什么是沉降分离高度？ …………………………… 84
27. 饱和夹带量有何含义？ …………………………… 85
28. 什么叫循环流化床？ ……………………………… 86
29. 循环流化床颗粒循环速率有何含义？ …………… 87
30. 提升管是怎样的一种设备？ ……………………… 89
31. 气固滑落速度有何含义？ ………………………… 90
32. 气固分离设备的分离效率有何含义？ …………… 91
33. 什么是粒级效率？ ………………………………… 92
34. 重力沉降器是一种怎样的设备？ ………………… 93
35. 旋风分离器是一种怎样的设备？ ………………… 95
36. 影响旋风分离器分离效率的因素有哪些？ ……… 97

37. 催化裂化装置三级旋风分离器的作用是什么？………98
38. 什么是旋风分离器料腿？有什么作用？………………98
39. 膨胀节的作用是什么？为什么要用反吹风？…………98

# 第一章 催化裂化反应及催化裂化催化剂

## 1. 催化裂化过程中存在哪几种反应类型？

答：催化裂化过程中主要的反应有分解反应、异构化反应、氢转移反应及芳构化反应等。

分解反应是大分子烃类分解为较小分子烃类的过程。例如，一个碳数较多的烷烃分子分解成较小分子的烷烃和烯烃，一个碳数较多的烯烃分子可以分解成两个分子的烯烃，如：

$$C_{16}H_{34} \longrightarrow C_8H_{16} + C_8H_{18}$$

异构化反应可以是分子骨架发生改变或者烯烃的双键位置发生移动，如：

$$CH_3CH_2CH=CH_2 \longrightarrow CH_3-\underset{\underset{CH_3}{|}}{C}=CH_2$$

或

$$CH_3CH_2CH_2CH_2CH=CH_2 \longrightarrow CH_3CH_2CH=CHCH_2CH_3$$

氢转移反应是指一些烃类分子中的氢转移到另外一些分子上，一方面使烯烃转化为烷烃，另一方面给出氢的化合物则转化为多烯烃及芳烃或缩合程度更高的分子，直至缩合成焦炭。

芳构化反应是烯烃环化并脱氢生成芳烃的反应，如：

$$CH_3CH_2CH_2CH_2CH=CH-CH_3 \longrightarrow \underset{CH_3}{\bigcirc}$$

## 2. 烃类的裂化反应是吸热反应还是放热反应？

答：烃类的裂化反应总体上表现为吸热反应。烃类的分解反应、脱氢反应过程是吸热反应，而氢转移、缩合等反应是放热反应。一般情况下，分解反应是催化裂化中最重要的反应，其热效应较高，因此催化裂化反应总体上表现为吸热。

## 3. 烃类的催化裂化反应和热裂化反应有何不同？

答：一般认为烃类的催化裂化反应符合正碳离子反应机理，而热裂化反应符合自由基反应机理。从各类烃的反应速率来看，催化裂化中异构烷烃的反应速率较正构烷烃快得多，而热裂化中二者反应速率相差不大；催化裂化中烯烃反应速率较烷烃快得多，而热裂化中二者反应速率相似；催化裂化中环烷烃反应速率与异构烷烃相似，而热裂化中环烷烃反应速率较正构烷烃低；带烷基侧链的芳烃在催化裂化中反应速率较烷烃快得多，而热裂化中其反应速率则比烷烃慢。从反应产物来看，催化裂化裂化气中 $C_3$ 和 $C_4$ 较多，$C_4$ 及以上分子中含 $\alpha$-烯烃较少，异构物较多；而热裂化裂化气中 $C_1$ 和 $C_2$ 较多，$C_4$ 及以上分子中含 $\alpha$-烯烃较多；催化裂化产物中烯烃尤其是二烯烃较少，而热裂化产物不饱和度较高。

### 4. 催化裂化反应过程有几个步骤？影响催化裂化反应速率的主要因素有哪些？

答：烃类催化裂化反应为气—固非均相催化反应（渣油催化裂化反应则是气—液—固非均相催化反应），其反应过程包括以下 7 个步骤：(1) 反应物从主气流中扩散到催化剂表面；(2) 反应物沿催化剂微孔向催化剂内部扩散；(3) 反应物被催化剂表面吸附；(4) 被吸附的反应物在催化剂表面上进行化学反应；(5) 产物自催化剂表面脱附；(6) 产物沿催化剂微孔向外扩散；(7) 产物扩散到主气流中。整个催化裂化反应的速率取决于上述 7 个步骤，其中速率最慢的步骤起决定性作用。

在一般的工业条件下，催化裂化反应速率通常表现为化学反应控制。从化学反应控制的角度来看，影响烃类催化裂化反应速率的主要因素如下：

(1) 催化剂的活性。提高催化剂的活性有利于提高反应速率，催化剂的活性取决于它的组成和结构。例如，分子筛催化剂的活性比无定型硅酸铝催化剂的活性高；同一种催化剂比表面积较大时表现出较高的活性，在反应过程中，催化剂表面上的积炭逐渐增多，活性会随之下降，积炭量与催化剂在反应器内的停留时间以及剂油比有关，剂油比大时，单位催化剂上的积炭量少，催化剂活性相对下降的程度就少一些，同时，原料与催化剂的接触也更充分，这也有利于提高反应速率。

（2）反应温度。温度升高，反应速率增大。催化裂化反应的活化能较热裂化反应低，催化裂化反应的活化能为 42～125kJ/mol，温度每升高 10℃，反应速率提高 10%～20%；热裂化反应的活化能较高，一般为 210～290kJ/mol，当温度升高时，热裂化反应的反应速率提高得比较快，当反应温度提高到很高（如 500℃以上）时，热裂化反应趋于重要，产物中反映出热裂化反应产物的特征。另一方面，催化裂化是平行—顺序反应，可以简化如下：

$$\text{原料} \begin{cases} \to \text{汽油} \to \text{气体} \\ \to \text{焦炭} \end{cases}$$

当温度升高时，汽油→气体的反应速率加快得最多，原料→汽油次之，原料→焦炭的反应速率加快得最少。因此，温度升高时，若转化率不变，则汽油产率降低，气体产率增加，焦炭产率下降。

(3) 原料性质。原料性质对反应速率也有影响，当族组成相似时，沸点越高的原料越容易裂化；而当沸点范围相似时，含芳烃多的原料则较难裂化。原料中含有碱性氮化合物时会引起催化剂中毒而使其活性下降，导致裂化反应速率下降，而含硫化合物对裂化反应速率影响不大。

(4) 压力。油气分压越高，意味着反应物浓度提高，反应速率加快。而提高反应压力也提高了生焦的反应速率，工业上一般不采用太高的反应压力，目前采用的反应压力为 0.1～0.4MPa。

## 5．如何解释烃类催化裂化正碳离子反应机理？

答：以下通过正十六烯的催化裂化反应来说明正碳离子反应机理。正十六烯的催化裂化反应过程如下：

(1) 正十六烯从催化剂表面或已生成的正碳离子获得一个 $H^+$ 生成正碳离子：

$$n\text{-}C_{16}H_{32} + H^+ \longrightarrow C_5H_{11}\text{—}\overset{H}{\underset{+}{C}}\text{—}C_{10}H_{21}$$

$$n\text{-}C_{16}H_{32} + C_3H_7^+ \longrightarrow C_3H_6 + C_5H_{11}\text{—}\overset{H}{\underset{+}{C}}\text{—}C_{10}H_{21}$$

(2) 大的正碳离子不稳定，容易在 $\beta$ 位置上断裂：

$$C_5H_{11}-\overset{H}{\underset{+}{C}}-CH_2 \xrightarrow{\beta} C_9H_{19} \longrightarrow C_5H_{11}-\overset{H}{C}=CH_2+\overset{+}{C}H_2-C_8H_{17}$$

（3）生成的正碳离子是伯正碳离子，不够稳定，倾向于变成仲正碳离子，之后继续在 $\beta$ 位置上断裂，直到生成不能再继续断裂的小正碳离子为止。

$$\overset{+}{C}H_2-C_8H_{17} \longrightarrow CH_3-\overset{+}{C}H-C_7H_{15} \longrightarrow CH_3-CH=CH_2+\overset{+}{C}H_2-C_5H_{11}$$

从稳定程度上来看，叔正碳离子＞仲正碳离子＞伯正碳离子，由此所生成的正碳离子倾向于异构生成叔正碳离子：

$$C_5H_{11}-\overset{+}{\underset{+}{C}H_2} \longrightarrow C_4H_9-\overset{+}{C}H-CH_3 \longrightarrow C_3H_7-\overset{+}{\underset{CH_3}{C}H}-CH_3$$

（4）所生成的正碳离子将 $H^+$ 还给催化剂，本身变成烯烃，反应终止。

$$C_3H_7^+ \longrightarrow C_3H_6+H^+ \quad \text{（催化剂）}$$

## 6. 催化裂化反应裂化气中有少量 $C_1$ 和 $C_2$ 的原因是什么？

答：根据正碳离子学说，正碳离子分解时不生成比 $C_3$、$C_4$ 更小的正碳离子，但催化裂化条件下不免伴随有热裂化反应发生，由此会有少量 $C_1$、$C_2$ 生成。

### 7. 烃类的催化裂化反应能力如何排序？

答：对相同碳原子数不同结构的烃类，其反应能力排序如下：烯烃 > 烷基芳烃（指烷基取代基为 $C_3$ 或更高时）> 环烷烃 > 烷烃 > 芳烃。同种结构的烃类裂化速率随分子量的增加而增加。

### 8. 何谓集总及集总动力学模型？

答：所谓集总，即将一个复杂反应体系按照动力学特性相似的原则，把各类分子划分成若干个集总组分，当作虚拟的多组分体系进行动力学处理，这样得出的动力学模型即为集总动力学模型。

### 9. 催化裂化的十一集总是怎样划分的？相应的十一集总动力学模型是怎样的？

答：先将原料油分为重原料油（>340℃）和轻原料油（221～340℃）两个馏分。再将重原料油分为烷烃、环烷烃、两环以下芳环、三环以上芳环和芳环取代基团 5 个集总；将轻原料油分为烷烃、环烷烃、芳环、芳环取代基团 4 个集总。最后将产品分为汽油、气体加焦炭 2 个集总。从而将原料和产品共分成了十一集总。

图 1-1 显示了催化裂化十一集总反应动力学模型。

11 个集总之间构成一个反应网络，都是一级不可逆反应。

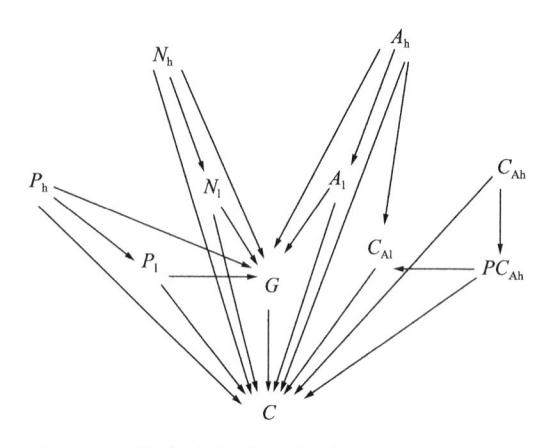

图 1-1 催化裂化十一集总反应动力学模型

$P_l$—轻原料油馏分烷烃集总；$N_l$—轻原料油馏分环烷烃集总；$C_{Al}$—轻油馏分芳环集总；$A_l$—轻原料油馏分芳环取代基团集总；$P_h$—重原料油馏分烷烃集总；$N_h$—重原料油馏分环烷烃集总；$C_{Ah}$—重原料油馏分两环以下芳环集总；$PC_{Ah}$—重原料油馏分三环以上芳环集总；$A_h$—重原料油馏分芳环取代基团集总；$G$—产品汽油集总；$C$—产品气体加焦炭集总

## 10. 何谓催化剂的骨架密度、颗粒密度和堆积密度？

答：骨架密度又称真实密度，是颗粒的质量与骨架实体所占体积之比。颗粒密度是颗粒质量与包括催化剂颗粒微孔在内催化剂颗粒体积之比（测量时要扣除颗粒之间的间隙）。由于催化剂内部具有很多微孔，因此其骨架密度和颗粒密度不同。堆积密度是指颗粒质量与堆积在一起的固相总体积（包括颗粒和颗粒间空隙在内的总体积）之比。

## 11. 催化剂的孔体积如何定义？通常如何测定？

答：催化剂的孔体积是指 1g 催化剂所具有的内孔空间的体积数值，其单位常用 mL/g 表示。催化剂的孔体积可用四氯化碳吸附或常温水吸附测定。

## 12. 催化剂的比表面积有何含义？通常如何测定？

答：催化剂的比表面积是催化剂内外比表面积之和，通常单位取 $m^2/g$。催化剂的比表面积通常采用低温氮吸附的方法来测定。

## 13. 什么是催化剂的平均孔径？

答：催化剂的孔体积与比表面积的比值称为平均孔径。

$$平均孔径 = \frac{V_{孔}}{S_A}$$

式中　$V_{孔}$——催化剂的孔体积，mL/g；
　　　$S_A$——催化剂的比表面积，$m^2/g$。

## 14. 催化剂的磨损指数有何意义？

答：催化裂化催化剂在反应器和再生器之间输送时，催化剂颗粒之间及颗粒与器壁之间会发生激烈的碰撞，从而产生一定的粉碎和磨损，催化剂的磨损指数用于评价催化剂的机械强度和耐磨性。通过将一定量催化

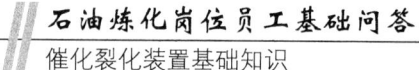

剂放于特制容器中，用高速气流冲击4h，所产生的小于15μm的细粉占试样中大于15μm颗粒的质量分数即催化剂的磨损指数。通常要求微球催化剂的磨损指数不大于2。

### 15．裂化催化剂的使用性能包括哪些？

答：裂化催化剂的使用性能主要包括：活性、稳定性、选择性、密度、筛分组成和机械强度等。

### 16．实验室中如何测定裂化催化剂的活性？

答：实验室中通常采用微反活性法测定裂化催化剂的活性，通常在微型固定床反应器中放置5.0g待测催化剂，采用标准原料在反应温度为460℃、质量空速为$16h^{-1}$、剂油比为3.2的条件下反应70s，所得产物中低于204℃汽油馏分、气体和焦炭质量之和占总进料的百分数即为该催化剂的微反活性。

### 17．何谓平衡催化剂活性？

答：实际生产中催化剂受高温和水蒸气的作用，活性会逐渐下降；同时由于生产中催化剂会损失，因此需定期或不断补充新鲜催化剂，生产装置中的催化剂的活性或维持在一个稳定水平上，此时的活性成为平衡催化剂活性。

### 18．催化剂的选择性是何含义？

答：催化剂的选择性是指催化剂促进目的产物生成

的能力，若催化剂能够有效促进目的产物生成的反应而对其他不利反应不起或少起促进作用，则称该种催化剂的选择性高。如果催化裂化过程目的产物是汽油，在总转化率不变的条件下，汽油产率升高，则气体和焦炭产率降低，此时可认为该催化剂的选择性提高，裂化催化剂的选择性常以汽油产率/转化率及焦炭产率/转化率表示。

### 19. 分子筛催化剂的组分是什么？

答：分子筛催化剂是由分子筛均匀分散于基质（载体）中而成。工业裂化催化剂中常用的分子筛是 Y 型分子筛，常用的基质是土与铝溶胶、硅溶胶等形成的半合成基质。裂化催化剂的特性取决于沸石与基质的性质，其中沸石的催化特性是主要的，但基质作用也不容忽视，尤其是在渣油裂化催化剂中具有更重要的作用。

### 20. 工业用分子筛催化剂主要有哪些种类？各自有何特点？

答：工业用分子筛催化剂的类型主要有稀土 Y (REY) 型、超稳 Y (USY) 型和稀土氢 Y (REHY) 型。

REY 型分子筛催化剂具有裂化活性高、水热稳定性好、裂化产物汽油收率高的特点，但其焦炭和干气产率也高。裂化产物汽油的辛烷值低，主要是由于其酸性中心多、氢转移反应能力强。REY 型分子筛催化剂一般适用于直馏瓦斯油原料，采用的反应条件也比较缓和。

USY型分子筛催化剂的活性组分是经脱铝稳定化处理的Y型分子筛，其骨架具有较高的硅铝比、较小的晶胞常数，其结构稳定性高、耐热和抗化学稳定性增强，而其由于脱除了部分骨架中的铝，酸性中心的数目减少，降低了氢转移反应活性，使得产物中的烯烃含量增加、汽油辛烷值提高，焦炭产率减少。由于USY型分子筛催化剂酸性中心数目减少，需提高剂油比来达到原料分子的有效裂化，再生时再生剂含碳量须降至0.05%以下。

REHY型分子筛催化剂是在REY型分子筛催化剂的基础上降低了分子筛中$Re^{3+}$的交换量，而以部分$H^+$代替，使之兼顾了REY型和HY型分子筛催化剂的优点，通过改性可以大大提高其晶体结构的稳定性。因此，REHY型分子筛催化剂在保持REY型分子筛催化剂的较高的活性和稳定性的同时，也改善了反应的选择性。

## 21. Y型分子筛的晶胞结构是怎样的？

答：Y型分子筛由多个单元晶胞组成，每个单元晶胞由八个削角八面体组成，削角八面体的每个顶端是Si或Al原子，其间由氧原子相连接。由八个削角八面体围成的空洞称为"八面沸石笼"，它是进行催化反应的主要场所。进入八面沸石笼的主要通道是由十二元环组成，其平均直径为0.8～0.9nm。钠离子的位置有三处。

图1-2显示了Y型分子筛的晶胞结构。

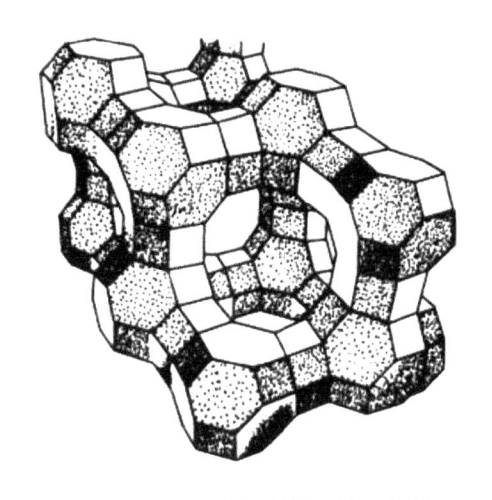

图1-2　Y型分子筛的晶胞结构

## 22．裂化催化剂的失活原因是什么？

答：裂化催化剂失活的原因主要如下：高温或高温与水蒸气的作用引起的水热失活、裂化反应生焦引起的结焦失活和毒物的毒害引起的失活。

水热失活是指在高温，特别是有水蒸气存在的条件下，裂化催化剂的表面结构发生变化，比表面积减小，孔容减小，分子筛的晶体结构破坏，导致催化剂的活性和选择性下降。

结焦失活是指催化裂化反应生成的焦炭沉积在催化剂的表面上，覆盖催化剂的活性中心，使催化剂的活性和选择性下降。

对催化裂化催化剂有毒害的物质主要是某些金属，如铁、镍、铜、钒等重金属，钠和碱性氮化物，其中以镍和钒的影响最为重要。在催化裂化反应条件下，镍起着脱氢催化剂的作用，使催化剂的选择性变差，焦炭产率增大，液体产品产率下降，产品不饱和度增高；钒会破坏分子筛的晶体，并使催化剂的活性下降。

### 23. 如何表示工业装置中实际的催化剂活性？

答：由于催化剂的活性和选择性会在使用过程中逐渐变化，因此新鲜催化剂的活性并不能反映工业装置中实际的催化剂活性。在实际生产中，常用平衡活性表示装置中实际的、相对稳定的催化剂活性。

### 24. 影响裂化催化剂平衡活性的因素主要有哪些？

答：影响裂化催化剂平衡活性的因素主要有催化剂的水热失活速率、催化剂的置换速率和催化剂的重金属污染。

### 25. 催化裂化催化剂的平衡活性是否越高越好？

答：催化裂化催化剂的平衡活性并非越高越好，活性过低，转化率低；活性太高，一方面催化剂消耗量上升，成本增加，另一方面反应深度过高，气体和焦炭产率增加。因此，装置要根据原料以及产品分布的要求，找出能最大限度提高装置经济效益的最佳平衡活性范围，并控制适宜的平衡活性。

## 26．何谓催化剂的水热稳定性？怎样测定？

答：催化裂化催化剂在再生器中，高温下接触到少量水蒸气，会逐渐失去活性，从而存在催化剂耐高温水热处理的问题。把催化剂耐高温水蒸气处理的能力称为催化剂的水热稳定性，测定方法如下：在实验条件下，将催化剂在高温下经水蒸气处理，使其性能近似于装置中平衡催化剂的水平，然后用与反应装置相接近的条件，通入标准原料油，测定产物汽油加气体的收率。

## 27．催化裂化过程催化剂上焦炭的来源有哪些？

答：催化剂上的焦炭来源于4个方面：（1）酸性中心上由催化裂化反应生成的焦炭；（2）由原料中高沸点、高碱性化合物在催化剂表面吸附，经过缩合反应生成的焦炭；（3）因汽提段汽提不完全而残留在催化剂上的重质烃类，为富氢焦炭；（4）由于镍、钒等重金属沉积在催化剂表面上造成催化剂中毒，促使脱氢和缩合反应加剧而产生的次生焦炭，或者是由于活性中心被堵塞和中和，而导致的过度热裂化反应所生成的焦炭。

## 28．裂化催化剂再生时对含炭量有何要求？

答：裂化催化剂通常在离开反应器时含炭量约1%（质量分数），须在再生器内烧去积炭以恢复催化剂的活性。对无定型硅酸铝催化剂，要求再生剂含炭量降至0.5%（质量分数）以下，对分子筛催化剂则一般要求降至0.2%（质量分数）以下，而对超稳Y型分子筛催化剂则要求降至 0.05%（质量分数）以下。

## 29．用于流化催化裂化工艺过程的催化剂应具有哪些使用性能？

答：用于流化催化裂化工艺过程的催化剂，应具有如下使用性能：

（1）能够正常循环流化，粒度分布适宜，耐磨损。

（2）对原料油有足够的裂化能力及形成良好的产品分布，裂化活性高，活性、稳定性好，产品选择性好。

（3）抗污染能力强，能适应不同性质原料要求。

（4）良好的热载体，能满足两器（反应器和再生器）热循环的要求。

## 30．催化裂化催化剂的主要发展趋势是什么？

答：催化裂化催化剂的主要发展趋势如下：

（1）进一步提高重油的裂化能力，满足催化裂化原料重质化的需要。要求催化剂具有良好的重油裂化性能和汽提性能，抗 Ni、V、Na、N 等污染能力强，焦炭选择性好，水热稳定性高等。

（2）开发降烯烃催化剂，降低催化裂化汽油的烯烃含量和硫含量，适应新标准汽油的生产。

（3）开发增产烯烃的专用催化剂，满足炼油化工一体化趋势。

### 31. 裂化催化剂的酸中心主要分为哪些类别？

答：裂化催化剂的酸中心主要分为布朗斯特酸（简称 B 酸）中心和路易斯酸（简称 L 酸）中心。能够提供质子的酸中心为 B 酸中心；能够接受外来电子对的酸中心为 L 酸中心。

### 32. 空速如何定义？

答：单位时间进入反应器的原料油量与反应器藏量（经常保持的催化剂量）之比称为空间速度，简称空速。若进料量和藏量都以质量为单位计算，称为质量空速；若以体积单位计算，则称为体积空速。

### 33. 剂油比如何定义？

答：剂油比是催化剂循环量与反应总进料量的比值。

### 34. 裂化催化剂的助剂有哪几种？

答：裂化催化剂助剂包括硫转移剂、辛烷值助剂、金属钝化剂和 CO 助燃剂等。

### 35. 何谓硫转移催化剂？硫转移催化剂的作用原理是什么？为什么使用硫转移催化剂？

答：将烟气中的 $SO_x$ 转移到反应器中，转化为 $H_2S$ 的催化裂化催化剂，称为硫转移催化剂。

硫转移催化剂的作用原理如下：$SO_3$ 在再生器中被催化剂吸附，在硫转移催化剂表面形成稳定的硫酸盐。

金属硫酸盐随硫转移催化剂与再生的催化裂化催化剂一起循环到反应器中，以硫酸盐的形式吸附在硫转移催化剂上的硫在反应器的还原条件下，释放出 $H_2S$ 或者转化为金属硫化物，进而在汽提段中转化成 $H_2S$ 释放。

（1）再生器中的反应包括：

$$S+O_2 \longrightarrow SO_2(为主)+SO_3$$

$$2SO_2+O_2 \longrightarrow 2SO_3$$

$$MO+SO_3 \longrightarrow MSO_4$$

（2）提升管反应器中的反应包括：

$$MSO_4+4H_2 \longrightarrow MS+4H_2O$$

$$MSO_4+4H_2 \longrightarrow MO+H_2S+3H_2O$$

$$MS+H_2O \longrightarrow MO+H_2S$$

其中，MO 表示硫转移催化剂，M 表示金属阳离子。

如果不使用硫转移催化剂，催化裂化原料中含有的硫会有一部分随焦炭沉积在催化剂上进入再生器，在再生器中生成硫的氧化物 $SO_x$，排至大气，导致严重的环境污染。由于环保的要求，对有害气体的排放限值越来越严格，因此有必要采用硫转移催化剂，减少烟气中 $SO_x$ 的排放。

### 36. 重金属污染的原理是什么？

答：在催化裂化过程中，原料中的重金属镍、钒等几乎全部沉积在催化剂上。镍主要起脱氢作用；而钒主要通过在催化剂颗粒之间的迁移，与沸石发生多种形式的物理化学作用，破坏沸石的晶体结构。镍、钒的中毒作用使催化剂选择性变差、活性下降，导致干气产率上升，轻质油收率下降。

### 37. 污染指数有何含义？

答：污染指数表示催化剂被重金属污染的程度。污染指数越大，则催化剂被重金属污染的程度越高，其计算公式如下：

污染指数 $=0.1\ [w(Fe)+w(Cu)+14w(Ni)+4w(V)]$

式中　$w(Fe)$——催化剂上的铁含量，μg/g；
　　　$w(Ni)$——催化剂上的镍含量，μg/g；
　　　$w(Cu)$——催化剂上的铜含量，μg/g；
　　　$w(V)$——催化剂上的钒含量，μg/g。

### 38. 为了减少催化剂的重金属污染，可采取的措施有哪些？

答：为了减少催化剂的重金属污染，可以采取的措施如下：

（1）提高常减压蒸馏装置电脱盐效率，降低催化裂化原料中 Na 的含量，对于劣质原料还需采取加氢处理。

通过注入缓蚀剂等手段，减少由腐蚀带入系统的重金属。

（2）用好干气预提升、金属钝化剂等工艺措施。

（3）针对高的重金属含量，开发专用催化剂。

（4）控制适宜的新鲜剂加入量，如有必要，可人为加快催化剂置换率。

## 39．何谓金属钝化剂？其作用原理是什么？

答：裂化原料中的重金属会沉积在催化剂上，对催化剂起毒害作用，使催化剂活性下降或选择性变差。能使沉积于催化剂上的金属钝化，减轻重金属毒害，使催化剂不失去活性和选择性的物质称为金属钝化剂。

金属钝化剂的作用原理如下：金属钝化剂随原料油一起进入催化裂化装置，钝化剂中有效金属与催化剂上钒、镍形成"合金"，改变它们存在的形式，使催化裂化催化剂保持较好的活性，有效改善裂化产物的分布和质量。

## 40．辛烷值助剂在催化裂化过程中有何作用？

答：辛烷值助剂在催化裂化过程中的作用是提高裂化汽油的辛烷值。例如，常用的 ZSM-5 分子筛，有选择性地把一些裂化生成的辛烷值较低的正构烷烃或带一个甲基侧链的烷烃和烯烃进行选择性裂化生成高辛烷值的 $C_3$—$C_5$ 烯烃，其中 $C_4$ 和 $C_5$ 异构烃类比例较高，从而提高汽油的辛烷值。使用辛烷值助剂后，一般轻质油收率会降低 1.5%～2.5%，液化气收率相对增加约 50%，汽油 MON 提高 1.5～2 个单位，RON 提高 2～3 个单位。

### 41. CO 助燃剂的作用是什么？

答：CO 助燃剂的作用是促进 CO 氧化成 $CO_2$，减少排出烟气中 CO 的含量，减少污染，并可使再生器的再生温度有所提高，从而提高烧焦速率，并使再生剂的含炭量降低，提高再生剂的活性和选择性，有利于提高轻质油的收率，同时由于再生器的温度提高，催化剂循环量可以适当降低。

### 42. 催化裂化催化剂再生过程涉及哪些反应？反应热多大？

答：催化剂再生过程是利用空气中的氧气与焦炭发生反应的过程，所涉及的反应及反应热如下：

$$C + O_2 \longrightarrow CO_2 \qquad 反应热：33.91 MJ/kg(C)$$

$$C + \frac{1}{2}O_2 \longrightarrow CO \qquad 反应热：10.26 MJ/kg(C)$$

$$H_2 + \frac{1}{2}O_2 \longrightarrow H_2O \qquad 反应热：119.73 MJ/kg(H)$$

# 第二章 催化裂化原料与产品

**1. 催化裂化的原料来源有哪些？**

答：催化裂化的原料包括直馏减压馏分油、常压渣油、减压渣油以及一些二次加工的馏分油，如焦化蜡油、脱沥青油、加氢处理重油等。在减压馏分油中掺入更重质原料进行催化裂化时，称为重油催化裂化。

**2. 原料的哪些性质会影响催化裂化产品收率和质量？**

答：催化裂化原料的密度、馏程、特性因数、分子量、烃类组成、氢含量、硫含量、氮含量等对产品的收率和质量有很大影响。

**3. 油品的特性因数指的是什么？**

答：油品的特性因数 $K$ 值又称为 Watson $K$ 值或 UOP $K$ 值，是平均沸点和相对密度的函数，关系式如下：

$$K = \frac{1.216 T^{1/3}}{d_{15.6}^{15.6}}$$

其中，$T$ 是油品平均沸点（热力学温度，一般用中平均沸点），单位为 K。当平均沸点接近时，$K$ 值大小取决于油品相对密度，相对密度越大，$K$ 值越小。对于分子量相近的烃类，相对密度大小的顺序为芳烃＞环烷烃＞烷烃。烷烃的 $K$ 值最大，约为 12.7；环烷烃次之，为 11～12；芳烃最小，为 10～11。

## 4. 特性因数 $K$ 值对催化裂化原料裂化性能有怎样的影响？

答：催化裂化原料的特性因数 $K$ 值越高，越易进行裂化反应，且生焦倾向越小，反之越难裂化，生焦倾向也越大。但需要注意，$K$ 值不能全面反映原料的裂化能力，由于组成的差别，即使两种原料 $K$ 值相同，其裂化能力也会有较大差别。

## 5. 各类烃的裂化性能是怎样的？

答：异构烷烃的裂化反应速率比正构烷烃快得多，烯烃的裂化反应速率比烷烃快得多，环烷烃的裂化反应速率与异构烷烃相似，带烷基侧链（$C_{3+}$）的芳烃的裂化反应速率比烷烃快；在同一裂化强度下，环烷烃和单环芳烃汽油产率最高，环烷烃和异构烷烃最容易生成 $C_4$，多环芳烃难以裂化，且对催化剂的活性中心有很强的亲和力，影响其他烃类在活性中心上的吸附。

## 6. 什么是四组分分析？怎样进行测定？

答：四组分分析是指分析渣油中沥青质、饱和分、芳香分和胶质含量的过程。测定方法如下：渣油试样首先用正庚烷沉淀出沥青质，1g 试样用 30mL 正庚烷，在回流温度下分离出不溶物作为沥青质。可溶物中的饱和分、芳香分和胶质用氧化铝吸附色谱法进行分离。用石油醚冲洗可使饱和分流出吸附柱，甲苯可使芳香分流出吸附柱，胶质含量以减差法求出。

## 7. 催化裂化原料中的硫对催化裂化加工有何影响？

答：原料中的硫会污染催化剂，使催化剂活性和选择性变差，产品分布变差，产品质量下降，气体产率增加。

伴随催化裂化反应一起发生的脱硫反应，会产生 $H_2S$ 气体汇入干气和 LPG，从而影响后续加工装置的正常生产，并会造成设备的腐蚀。

原料硫含量的增加会引起汽油辛烷值的损失，抗爆震性能下降，同时会造成胶质、硫醇、酸度、碘值和烯烃组分的上升，安定性变差；还会使柴油硫含量和胶质含量上升，安定性变差。

再生器内随焦炭和吸附在催化剂上带入的硫氧化生成 $SO_x$，使主风耗量增加，能耗增大。

原料硫含量增加还会增加含硫污水排放和含硫废气排放，污染环境。

## 8. 催化裂化原料中的氮对催化裂化加工有何影响？

答：原料中的氮化物不仅使裂化催化剂活性降低，还使产品分布变差。在转化率相同时，随着原料中氮含量的增加，汽油及澄清油收率下降，轻循环油、焦炭、干气及氢气收率增加，且汽油辛烷值有一定程度的降低。大部分氮化物会残留在催化裂化液体产物中，严重影响产品的安定性。

## 9. 催化裂化原料氢含量对催化裂化加工有何影响？

答：当反应温度及催化剂活性不变时，催化裂化原料氢含量增加，转化率随之增加。氢含量可作为鉴别原料油裂化性能的一个重要参数，以区别不同原料的相对裂化性能。

## 10. 催化裂化装置的产品主要有哪些？

答：催化裂化装置的产品主要有气体（包括干气和LPG）、汽油、轻循环油（轻柴油LCO），有些装置还生产油浆（澄清油DO），其中间产品是回炼油（重循环油HCO）。

## 11. 催化裂化装置气体产品的组成是怎样的？

答：催化裂化气体产品有干气和LPG。干气中富含甲烷、乙烷、乙烯和氢气，还含有生产过程中带入的氮气和二氧化碳等，由于吸收稳定系统的限制，干气还含有一定量的丙烷、丙烯和少量较重的烃类。

LPG 中以 $C_3$—$C_4$ 的烃类为主，还含有少量 $C_5$。其中，$C_3$ 占 30%～40%，$C_4$ 占 55%～65%。在 $C_3$ 中，丙烯占 60%～80%。在 $C_4$ 中，正丁烯占 50%～65%，异丁烯占 30%～40%。

## 12．催化裂化汽油具有怎样的性质？

答：催化裂化装置生产的汽油是车用汽油的重要组成部分。20 世纪，催化裂化装置生产的汽油最高占汽油池的 70%～80%，进入 21 世纪，比例降至 40%～60%。中国催化裂化汽油的 RON 一般在 90～93。

催化裂化汽油中正构烷烃（$C_6$—$C_{12}$）含量为 5% 左右，直链烯烃含量小于 2%，单取代基烷烃（>$C_6$）含量为 6%～13%，支链烯烃含量为 30% 左右，芳烃含量为 15%～25%，环烷烃含量为 10% 左右，支链烷烃含量为 18%～25%。

## 13．催化裂化轻柴油具有怎样的性质？

答：催化裂化轻柴油芳烃含量高达 50% 以上，十六烷值很低，催化裂化柴油的硫、氮含量偏高，导致柴油色度随存储时间增加而变深，胶质含量增加，安定性变差。

### 14. 催化裂化回炼油指的是什么？

答：催化裂化回炼油一般指产品中 343～500℃的馏分油（又称重循环油，HCO），它可以重返反应器作为原料回炼，也可以作为一种重柴油产品的混合组分使用，但 HCO 回炼可以增加轻柴油产率。目前，国内多数炼厂的 HCO 用于回炼。当炼厂采用柴油生产方案时，单程转化率较低，有相当一部分 HCO 生成；当炼厂采用汽油生产方案时，单程转化率很高，HCO 数量很少。

### 15. 催化裂化澄清油指的是什么？

答：从分馏塔底出来的渣油在油浆沉降器中进行沉降分离，从沉降器上部排出的清净的产品称作澄清油。油浆沉降器底部放出的油浆含有催化剂细粉，因此油浆返回反应器进行回炼，就可以回收这部分催化剂细粉。油浆及部分澄清油的回炼，也是调节装置热平衡操作的一种重要手段。

### 16. 相较于直馏蜡油催化裂化，重油催化裂化焦炭和氢气产率高的原因是什么？

答：与直馏蜡油相比，重油中有机金属化合物、残炭、硫、氮等含量高，重油在催化剂作用下进行催化裂化反应时，会发生脱碳和脱重金属（如镍，本身就是脱氢催化剂），产生大量焦炭和氢气，导致轻质油产率下降。

# 第三章　催化裂化工艺与工程

## 1. 催化裂化技术的发展情况是怎样的？

答：最早的工业催化裂化装置出现于1936年。催化裂化技术的发展主要集中于反应器—再生器形式和催化剂性能两个方面。

原料油在催化剂上进行催化裂化反应时，会有焦炭沉积于催化剂表面使催化剂活性下降，因此经过一段时间反应之后，需要烧去沉积在催化剂上的焦炭以恢复催化剂活性，即对催化剂进行"再生"。裂化反应是吸热过程，而再生是强放热过程，如何实现周期性的反应和再生以及如何周期性地供热和取热，成为早期促进催化裂化工业装置形式发展的主要推动力。

早期采用固定床反应器，这种形式的反应器需经常停料再生，为满足反应供热和再生取热需要，反应器内设有取热管束，结构复杂，生产连续性较差。在20世纪40年代同时发展起移动床催化裂化和流化床催化裂化。与固定床相比，移动床和流化床具有生产连续、产品性质稳定、设备简化等优点。移动床催化裂化将反应和再生分在反应器和再生器两设备中进行，原料油和催化剂同时进入反应器顶部，在向下移动的过程中进行反应，到达反应器的下部时，催化剂表面上沉积一定量的积炭，油气离开反应器，催化剂由气升管提升到再生器顶部，在再生器中边向下移动边进行再生，再生过的催化剂再被提升到反应器顶部再次参与反应。催化剂在反应器和再生器间循环，起到热载体的作用，反应器内无须设加热管，但再生器中因再生放热量较大而需要安装一些取热管，取走剩余热量。流化床的原理与移动床类似，但催化剂与油气或空气形成流体样的流化状态，催化剂颗粒微小，反应器和再生器内温度分布均匀，催化剂循环量大，减小了反应器和再生器内温度变化的幅度，不必再设取热设施，简化了设备结构，优点较移动床更加突出。

在催化裂化发展的初期，催化剂主要采用天然活性白土，20世纪40年代，广泛采用人工合成的硅酸铝催化剂，60年代出现了分子筛催化剂，其活性高、选择性和稳定性好，分子筛的广泛采用，进一步促进了催化裂化装置的发展，反应器发展为提升管，再生技术也陆续出现了两段再生、高效再生、完全再生等新技术。

近年来，催化裂化又在加工重质原料、降低能耗、减少污染物排放、适应多种生产需求的催化剂和工艺开发等方面不断发展。

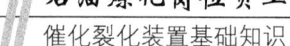

## 2. 提升管催化裂化反应有什么特点？

答：提升管催化裂化反应特点如下：

（1）产品分布改善。分子筛催化剂活性高，与油气接触时间短，油气和催化剂流动接近平推流，同时提升管出口设置了快速分离装置，从而有效减少二次反应，产品分布得到改善，焦炭和干气的产率降低，轻质油收率提高。

（2）操作弹性高。处理量可在较大范围内变化。

（3）灵活性较好。可以通过改变反应温度、催化剂活性及不同的催化剂等来适应不同的原料或不同的生产方案。

（4）处理量大。提升管反应器采用分子筛催化剂，大大提高了反应强度，催化裂化反应时间很短，同时提高了操作压力，从而可提高反应部分的处理能力。

（5）产品质量提高。提升管反应器配合降烯烃分子筛催化剂，使汽油中烯烃含量减少（但汽油辛烷值少有下降），诱导期增长，汽油安定性提高，柴油十六烷值提高。

（6）催化剂循环量较同高并列式催化裂化装置易于控制。催化剂靠斜管输送，可充分利用斜管中的催化剂料位蓄压，提高推动力，通过调节单动滑阀的压降实现对催化剂循环量的调节。

（7）再生催化剂含炭量低。这是分子筛催化剂的使用条件要求的，由此也促进了催化剂再生技术的发展。

(8) 可处理重质原料。由于提升管装置使用分子筛催化剂，其活性高，选择性好，且提升管中反应时间很短，同时反应器出口设有快速分离装置，二次反应少，因此可以处理重质原料。

### 3. 催化裂化技术今后发展会围绕哪些方面？

答：催化裂化技术今后会围绕以下几个方面继续发展：

（1）重质原料油加工。传统的催化裂化原料主要是减压馏分油。对轻质燃料的需求和原油价格的提高，都会促使重质油催化裂化技术的发展，解决重质油加工时焦炭收率高、重金属污染催化剂严重等问题，都是催化裂化催化剂和工艺技术发展的重要方向。

（2）劣质原料预处理。随着原油的重质化和劣质化，劣质重油量逐渐增加，其残炭值高，重金属含量高，硫、氮杂原子含量高，不适宜直接作为催化裂化原料，劣质原料的预处理技术成为今后发展的一个方向。

（3）节能减排。催化裂化装置能耗大，降低能耗的潜力也比较大，降低焦炭产率、充分利用再生烟气中CO的燃烧热、再生烟气热能利用新技术等都是重要的发展方向；催化裂化装置排放的烟气中含有粉尘、CO、$SO_x$及$NO_x$等，环保法规越来越严格，使得催化裂化的减排技术也成为重要的发展方向。

（4）适应多种生产需求的催化剂和工艺。例如，多产柴油，多产丙烯、丁烯、乙烯等的新型催化剂和技术都是未来发展的方向。

（5）过程模拟和系统集成优化。催化裂化过程进行系统集成优化，开发新型工艺技术及配套专用设备，从根本上优化催化裂化装置的操作也会越来越受到重视。

### 4. 何谓转化率？

答：催化裂化的反应深度一般以转化率表示，转化率有以下两种表示方式：

（1）以原料油量记为100，转化率表示如下：

$$转化率 = \frac{100 - 未转化的原料}{100} \times 100\%$$

其中，未转化的原料是指与原料沸程相当的那部分油料。实际上该部分油料的组成及性质和新鲜原料已经不同。

（2）按照以下方式表示转化率：

$$转化率 = 气体产率 + 汽油产率 + 焦炭产率$$

对于以柴油馏分作为原料的情况，上述两种方式计算结果是一致的，但当原料是重质馏分油，而柴油是产品之一时，上述两种方式计算结果就不一致了。第一种方式能反映反应的实际情况，而习惯上常用第二种方式。

## 5. 转化率有单程转化率和总转化率之分，其各自的含义是什么？

答：单程转化率是指总进料（包括新鲜原料、回炼油和回炼油浆）一次通过反应器的转化率，其计算公式如下：

$$单程转化率（质量分数，\%）= \frac{气体+汽油+焦炭}{总进料} \times 100\%$$

总转化率是以新鲜原料为基准计算的转化率，其计算公式如下：

$$总转化率（质量分数，\%）= \frac{气体+汽油+焦炭}{新鲜原料} \times 100\%$$

## 6. 空速和反应时间的含义是什么？

答：反应器内催化剂保持的量称为反应器藏量，单位时间进入反应器的原料油量和反应器藏量之比称为空速。空速有质量空速和体积空速之分，两者一般具有不同的数值：

$$质量空速 = \frac{总进料量（t/h）}{藏量（t）}$$

$$体积空速 = \frac{总进料量（m^3/h）}{藏量（m^3）}$$

从表面上看，体积空速的倒数似乎就是反应时间，实际上，计算体积空速时，进料的体积流量常以20℃的液体原料体积流量计算，并不是真正反应条件下的体积流量。而且，裂化反应过程中，物料组成不断发生变化，通过反应器不同部位的物料体积流量也在不断变化，因此体积空速的倒数经常被称为假反应时间。

在催化裂化提升管反应器内，催化剂颗粒所占的空间很小，计算反应时间时经常按照油气通过空的提升管反应器的时间来计算：

$$\theta = \frac{提升管反应器的体积 V_R}{油气对数平均体积流量 V_I}$$

$$V_I = \frac{V_{out} - V_{in}}{\ln(V_{out}/V_{in})}$$

式中 $\theta$——反应时间（实际上也是假反应时间）；

$V_R$——提升管反应器的体积；

$V_I$——提升管出入口油气体积流量的对数平均值；

$V_{out}$，$V_{in}$——分别为提升管出口和入口处的油气体积流量。

## 7. 回炼比的含义是什么？其对催化裂化装置操作有何影响？

答：回炼比是指总回炼油量与新鲜原料油量之比。

$$回炼比 = \frac{总回炼油量(t/h)}{新鲜原料油量(t/h)} = \frac{总转化率}{单程转化率} - 1$$

在一定的总转化率下，单程转化率高时回炼比小。单程转化率增加时，柴油收率与单程转化率之比迅速下降，若要提高柴油收率，应降低单程转化率，增加回炼比，从而使得反应深度较浅，柴油不易二次裂化，同时降低催化裂化所得柴油分压，进一步降低柴油二次裂化的程度。另一方面，降低单程转化率，增加回炼比，可降低柴油的凝点，增加其十六烷值。但是需要注意，回炼比增加时，反应所需热量大大增加，原料预热炉、反应器和分馏塔等热负荷会随之增加，同时再生温度降低，再生剂的含炭量增加，使单程转化率进一步降低，因此回炼比的增加是有限度的。

## 8. 催化裂化装置一般由几个部分组成？分别是什么？

答：催化裂化装置一般由反应—再生系统、分馏系统和吸收稳定系统组成。对于处理量较大、反应压力较高的装置，常常还有再生烟气的能量回收系统。

## 9. 反应—再生系统的反应器、沉降器、汽提段和再生器的主要作用是什么？

答：反应器的主要作用是提供原料油和催化剂充分接触所需的空间，并控制一定的反应温度和转化率，以达到所需要的产品分布。沉降器的主要作用是提供裂化油气与催化剂分离的场所。汽提段的作用是提供汽提蒸汽与待生催化剂接触的场所，以便将催化剂孔隙内和颗粒之间夹带的油气置换出来，提高目的产品的收率，并降低生焦率。再生器的主要作用是提供催化剂再生烧焦的场所，用主风或氧气烧掉催化剂的积炭，恢复催化剂的活性和选择性。

**10．提升管反应器的基本结构是怎样的？**

答：提升管反应器的基本结构如图3-1所示。提升管底部设有预提升段，出口处安装有快速分离设备，进料经进料喷嘴发生雾化，以确保原料与催化剂的接触效果。

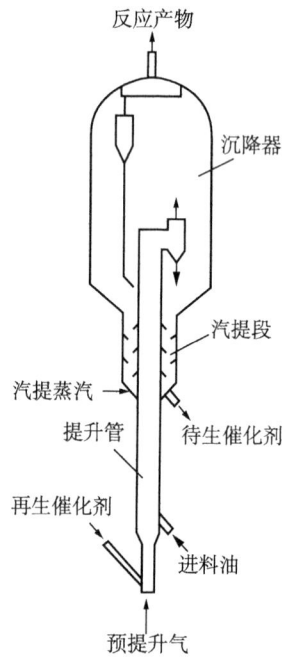

图 3-1 提升管反应器结构示意图

## 11. 提升管反应器的直径和高度是由什么决定的？

答：提升管反应器的直径由进料量决定，一般工业上采用的线速度范围如下：入口 4～7m/s，出口 12～18m/s。提升管反应器的高度由反应所需时间决定，工业上多采用 2～4s 的反应时间。

## 12. 催化裂化提升管下端设预提升段的目的是什么？

答：原料若从提升管的最底部进料，此处催化剂尚未达到均匀分布，使原料和催化剂混合不均匀。把进料位置提高 5～6m，在下部设置预提升段，可使催化剂在预提升段提前加速，分布均匀，使催化剂与原料接触时充分混合，形成理想的反应环境，改善装置的操作性能。

## 13. 提升管出口设置快速分离装置的目的是什么？

答：提升管催化裂化所用分子筛催化剂活性很高，所需反应时间为 2～4s，一般提升管中油气停留时间已满足了反应需要，为了避免反应油气和催化剂在沉降器中继续接触发生二次反应，在提升管出口设置快速分离装置，以将油气和催化剂迅速分离，避免二次反应的发生。

### 14. 催化裂化催化剂为什么需要经常再生？

答：原料油在催化裂化过程中，除了裂化生成气体、汽油等小分子产物，同时会发生缩合反应生成焦炭，这些焦炭沉积在催化剂的表面上使催化剂活性下降，因此，经过一段时间的反应之后，必须要烧去沉积在催化剂上的焦炭，恢复催化剂的活性，或使催化剂得以再生。

### 15. 反应进料雾化蒸汽的作用是什么？

答：催化裂化为气固相催化反应，进入提升管反应器的进料迅速汽化非常重要，雾化蒸汽的通入，可使油气与催化剂混合均匀，还可降低油气分压，避免催化剂迅速结焦，同时可在原料中断时防止喷嘴堵塞。

### 16. 催化剂汽提的作用是什么？

答：催化剂汽提是用水蒸气将催化剂颗粒之间和颗粒孔隙内充满的油气置换出来，实质上是一个脱附过程。催化剂汽提的作用是减少焦炭产率，提高油品收率，降低再生器的烧焦负荷。

### 17. 影响催化剂汽提效果的因素有哪些？

答：影响催化剂汽提效果的因素有汽提蒸汽用量、操作温度、催化剂物化性质等。提高汽提蒸汽用量，可提高蒸汽对油气的物质的量比，同时因蒸汽流速的提高改善了催化剂与蒸汽的接触效果，有利于吸附油的脱附。操作温度提高，汽提段的温度也相应提高，有利于油气从催化剂表面脱附。平均孔径大、表面积小的催化剂汽提效果好。

**18. 反应—再生系统的三大平衡是指什么？**

答：反应—再生系统的三大平衡是指物料平衡、压力平衡和热量平衡。

**19. 根据催化裂化工业装置的发展历程，说明各种装置中反应（吸热）和再生（放热）的矛盾是如何解决的？**

答：催化裂化过程最先在工业上采用的反应器形式是固定床，操作时，反应几分钟到十几分钟之后催化剂失活，之后停止进料进行再生。反应和再生在同一个反应器内进行，为了便于反应供热和再生取热，在反应器内装有取热管束，常采用熔盐作为换热介质。

之后发展起了移动床催化裂化和流化床催化裂化。移动床催化裂化反应和再生分别在反应器和再生器内进行。原料油与催化剂同时进入反应器顶部，一边接触反应，一边向下移动。催化剂从反应器下部出来时，表面上沉积了一定的焦炭，进而由气升管用空气提升到再生器顶部，在再生器中向下移动过程中进行再生。催化剂在反应器与再生器之间循环，起到热载体的作用，将再生时放出的热量携带到反应器供反应吸热之用。

流化床催化裂化反应和再生也分别在两个设备中进

行,其原理与移动床相似,通过催化剂在反应器和再生器之间传递热量。

**20. 影响催化裂化热平衡的因素主要有哪些?**

答:影响催化裂化热平衡的因素主要如下:

(1)原料组成。原料残炭含量高时,反应生焦趋势大,再生温度上升,影响装置热平衡。

(2)进料温度。进料温度升高,引起反应温度上升,为了维持反应温度,将会减少再生器过来的催化剂,降低剂油比,进而降低转化率,由此降低焦炭产率和再生器内放热量,最终达到新的平衡。

(3)烃分压。烃分压降低,会降低焦炭产率,使得再生温度下降,引起热平衡改变。

(4)CO 燃烧程度。CO 燃烧程度可通过使用 CO 助燃剂来改变,从而改变再生温度、催化剂循环量及转化率,对热平衡产生影响。

(5)再生器取热量。对于热量过剩的催化裂化装置,可进行再生器取热,取热负荷的改变可改变催化剂循环量,从而影响装置热平衡。

(6)回炼比。回炼比改变,需要的反应热也会改变,生焦量会跟随变化,从而影响装置热平衡。

**21. 在提升管反应器中,如何有效抑制催化裂化的二次反应?**

答:反应时间是一个关键的因素,过长的反应时间会使二次裂化反应增多。可以采用中止反应技术，即在提升管中上部某个适当的位置注入冷却介质以降低中上部的反应温度，从而抑制二次反应。

此外，提升管上端设有气固快速分离构件，以使催化剂与油气快速分离，从而抑制反应的继续进行。油气从提升管出口到分馏塔时间为 10～20s，且温度较高，会有较严重的二次反应，主要是热裂化反应，因此缩短油气在高温下的停留时间很有必要，适当减小沉降器的稀相空间体积，缩短初级旋风分离器的升气管出口与沉降器顶的旋风分离器入口之间的距离，可有效减少二次反应。

## 22. 为什么重油催化裂化的原料雾化效果非常重要？

答：对于重油，提升管下部进料段原料的汽化率和油剂接触状况对催化裂化反应有重要影响，进料段的汽化率提高能够改善产品分布。原料油雾化粒径越小，传热效果越好，油雾与催化剂的接触效果越好，同时进料段内原料油的汽化速率越高。

## 23. 渣油催化裂化需要解决的技术关键有哪几点？

答：渣油残炭和金属含量高，增加了催化裂化的难度，主要需要解决的技术关键有以下几点：

(1) 减少生焦量和生气量（尤其是氢气），以提高汽油和柴油收率。

（2）控制原料中金属对催化剂的污染，使催化剂保持较高的平衡活性和选择性。

（3）渣油裂化的焦炭产率高，导致装置热量过剩，需解决过剩热量取出的问题，以使装置正常运行。

此外，还有降低能耗、加强环保、保证产品质量等问题需要解决，以提高渣油催化裂化装置的生产技术经济水平。

### 24. 渣油催化裂化的合理操作条件是怎样的？

答：渣油催化裂化主要需关注如何控制生焦量。各种操作条件的选择如下：

（1）反应温度。为了维持较高的反应苛刻度，达到满意的转化率，一般采取比馏分油催化裂化更高的反应温度。

（2）反应压力。低反应压力有利于降低焦炭产率，但会使气体产率上升。由于渣油催化裂化中降低焦炭产率是主要的，因此应采用低反应压力。

（3）反应时间。高反应温度下，焦炭的形成是反应时间的函数，渣油催化裂化比馏分油催化裂化应采用更短的接触时间。

（4）剂油比。渣油催化裂化要保证转化率高、油浆产率低，因此催化剂活性和剂油比都不能过低，要有足够数量的再生好的催化剂返回提升管，确保催化剂活性中心充足，使转化率提高。

### 25．高反应温度对渣油催化裂化有什么影响？

答：高反应温度对渣油催化裂化有以下有利之处：

（1）可以弥补由于催化剂受金属污染和水蒸气作用而失去的活性。

（2）有利于进料汽化和改善汽提效果。

（3）有利于提高汽油辛烷值和气体中烯烃产率。

（4）可以维持较高的苛刻度，特别是渣油与催化剂接触瞬间的较高温度，有利于部分沥青质裂解，减少生焦。

高反应温度对渣油催化裂化的不利方面如下：在高温下，若使用高活性催化剂，则会使过度裂化加剧，不但使重油裂化，同时还会使所生成的汽油裂化，使焦炭和气体产率增加。

### 26．影响进料段油剂接触效果的因素有哪些？

答：影响进料段油剂接触效果的因素有原料油的液雾粒径及其分布范围、喷嘴的个数及位置、从预提升段上升的催化剂流动状况等。

### 27．生产中反应温度如何控制？

答：一般可通过调节催化剂循环量或反应进料温度来控制反应温度。

## 28. 两段提升管催化裂化技术（TSRFCC）的主要特点是什么？

答：两段提升管催化裂化技术（TSRFCC）由中国石油大学（华东）重质油国家重点实验室与中石油华东设计院联合开发，采用两段提升管反应器（图3-2）。第一段提升管进新鲜原料，与再生催化剂接触反应一定时间后进入油气和待生催化剂分离系统，未转化的原料（即循环油）进入第二段提升管，与再生催化剂进一步接触反应。TSRFCC技术采用分段反应、催化剂接力、

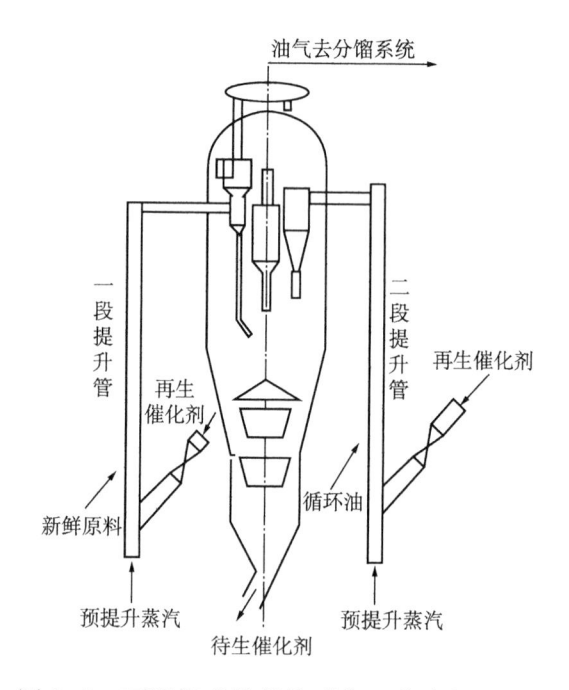

图3-2 两段提升管催化裂化工艺流程示意图

短反应时间和大剂油比等工艺条件，明显促进催化反应、抑制热裂化反应，并在一定程度上克服新鲜原料和循环油在同一反应器内存在的恶性吸附—反应竞争，轻质油收率提高，干气产率下降，柴汽比增加，产品质量明显改善。

## 29. 什么是多产异构烷烃催化裂化技术（MIP）？

答：多产异构烷烃催化裂化技术（MIP）采用串联的提升管反应器，将反应分成两个区，第一反应区以一次裂化反应为主，采用较高的反应强度（较高的反应温度和较大的剂油比），裂解较重的原料油并生产较多的烯烃；第二反应区采用较低的反应温度和较长的反应时间，主要增加氢转移反应和异构化反应，抑制二次裂化反应。MIP 的工艺流程如图 3-3 所示。该技术可大幅度降低汽油的烯烃含量，重油裂化能力好，液体产物收率较高。

## 30. 什么是 DCC 工艺？

答：DCC 工艺是中国石化石油化工科学研究院（简称石科院）开发的一项重油制取低碳烯烃的技术。该工艺以重油 [ 可以是减压馏分油、减压馏分油＋脱沥青油、减压馏分油＋常压渣油（减压渣油）] 为原料，烯烃产品主要是丙烯，或是异构烯烃（包括异丁烯和异戊烯）。

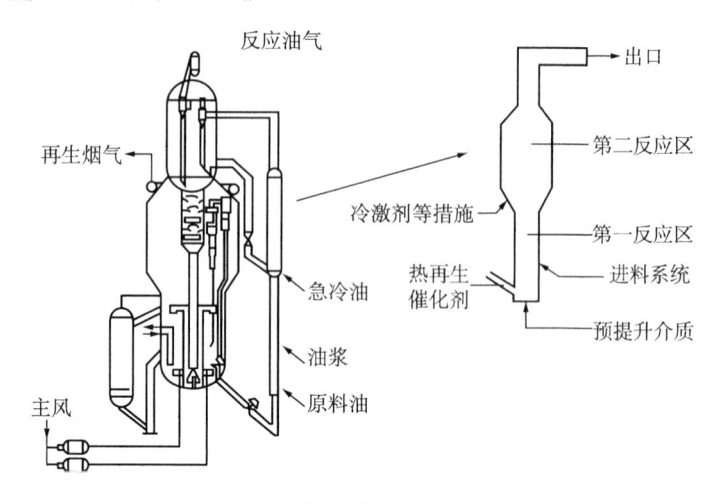

图 3-3 多产异构烷烃催化裂化技术（MIP）工艺流程示意图

DCC工艺流程与传统的催化裂化工艺流程相似，其使用一种特制的催化剂，这种催化剂具有氢转移能力低、焦炭选择性高、具有异构化性能和良好的水热稳定性等特点。因此，用这种催化剂在特定的反应条件下，能生产出比传统的催化裂化更多的低分子烯烃产品。DCC工艺有两种操作模式——DCC-Ⅰ型和DCC-Ⅱ型。DCC-Ⅰ型为最大限度地生产丙烯；DCC-Ⅱ型为最大限度地生产异构烯烃（包括异丁烯和异戊烯）。两种模式的催化剂不同，DCC-Ⅱ型模式的反应条件（反应温度、停留时间、剂油比、水蒸气注入量等）都比DCC-Ⅰ型要缓和。其中，DCC-Ⅱ型还可以通过调节操作条件实现最大限度生产异构烯烃和高辛烷值汽油或最大限度生产异构烯烃和丙烯。

### 31. 什么是MSCC工艺？

答：MSCC工艺是UOP公司开发的毫秒催化裂化工艺（图3-4）。该工艺油气与催化剂的接触时间小到以毫秒计。催化剂顺重力场流动，原料油水平注入与催化剂垂直接触反应，然后催化剂与反应产物快速分离。由于催化剂与油气接触时间极短，发生的反应大都是催化反应，有效地防止了热裂化反应的发生，因此MSCC工艺具有焦炭和干气产率低、液体产物收率高、汽油辛烷值高等优点。同时，根据UOP公司的报道，MSCC工艺在处理渣油时，催化剂的损耗可减少50%。

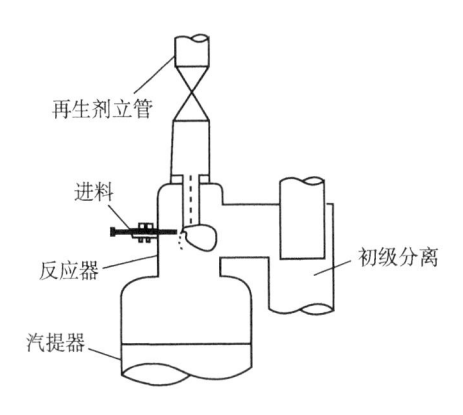

图3-4 MSCC工艺流程示意图

### 32. 什么是MIO工艺？

答：MIO工艺是石科院开发的，以重质馏分油为原料，使用专用催化剂，最大化地生产异构烯烃和高辛烷值汽油的工艺。MIO催化剂是石科院开发的RFC专利催化剂，具有良好的异构烯烃选择性和抑制氢转移反应的能力，可减少中间裂化产物烯烃进行氢转移反应的程度，增加了反应物分子特别是重油大分子对酸性中心的可接近性，加强了一次裂化深度，较好地抑制了二次反应深度，改变了产物中 $C_3$、$C_4$、$C_5$ 烯烃的比例。

### 33. 什么是 MGD 技术？

答：MGD 技术是石科院开发的多产 LPG 和柴油的工艺技术。该工艺以重质油为原料，对常规催化裂化装置进行少量改造，即可实现增产 LPG 和柴油并大幅度降低催化汽油中烯烃含量的目的。该工艺通过精细控制催化裂化反应，将提升管反应器从提升管底部到提升管顶部依次设计为 4 个反应区——汽油反应区、重质油反应区、轻质油反应区和总反应深度控制区，通过对不同反应区的进料控制，以达到提高选择性和优化目的产品的目的。该工艺只需在常规催化装置上增设几组喷嘴，有效降低了装置改造的投资，并且保留了恢复常规催化裂化操作的灵活性。

### 34. 什么是灵活多效催化裂化工艺（FDFCC）？

答：灵活多效催化裂化工艺（FDFCC）由中国石化集团洛阳石油化工工程公司开发。它采用双提升管反应系统分别对原料和劣质汽油进行催化反应改质，提高催化裂化装置的劣质重油掺炼率，大幅度降低催化裂化汽油的烯烃含量，大量增产丙烯和丁烯等化工原料，同时还可以降低汽油的硫、氮等杂质含量。该工艺可以有效控制提升管反应器内各部位的剂油比，轻烃和重烃原料可按各自所需工艺条件进行裂化，加大了产品种类的调节范围，提高了油品产率和汽油辛烷值。该工艺的原料适应性强，两个提升管反应器可以在各自最优化的反应条件下单独加工不同原料油，重油提升管反应器的原料可以是各种馏分油、常压重油或者部分减压渣油；第二提升管反应器的原料可以是催化裂化汽油，也可以掺入部分焦化汽油、热裂化汽油和直馏汽油等。该工艺对催化剂的性能要求和常规催化裂化一样，无特殊要求。

## 35. 工业上再生器的主要形式有哪些？

答：工业上再生器大体可分成 3 种类型——单段再生、两段再生和快速流化床再生。单段再生是在一个流化床再生器完成全部再生过程，其结构如图 3-5 (a) 所示。两段再生是把烧焦过程分为两个阶段进行，第一段烧去 80%～85% 的焦炭量，剩余的在第二段用空气在更高的温度下继续烧去。图 3-5 (b) 显示了 Kellogg 公司上下叠置式两段再生器。单段再生和两段再生气速较低，都属于鼓泡床和湍动床的范畴，气速提高到 1.2m/s 以上时，气体和催化剂颗粒都向上流动，就进入快速流化床区域，此时，烧焦强度提高。快速流化床烧焦要求有比较高的固体循环量以保持较高的床层密度，从而保证烧焦量。图 3-5 (c) 所示的烧焦罐再生就是采用了快速流化床再生。

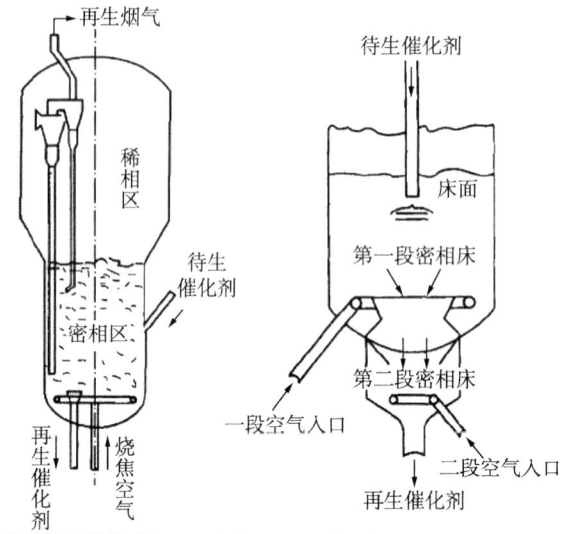

(a) 单段再生结构示意图  (b) Kellogg公司上下叠置式两段再生器

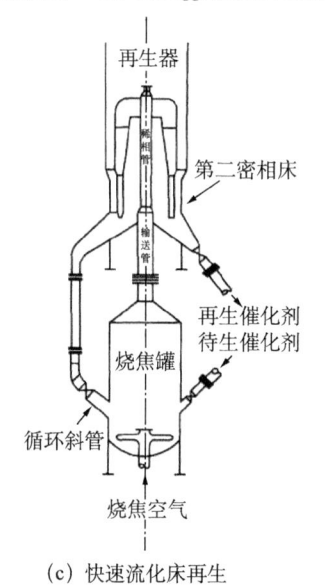

(c) 快速流化床再生

图 3-5　工业上再生器的主要形式

### 36. 两段再生有何特点？

答：两段再生是把再生过程分为两段，第一段先烧去约 80% 的焦炭，余下的焦炭进入第二段，在第二段通入新鲜空气，在较高温度下，用提高氧气浓度的方法来弥补催化剂含炭量的降低，以提高烧焦速率。一段和二段的烧焦量有一个最佳的比值，约为 80:20。这个最佳比值除考虑要将再生剂含炭量降到较低，提高烧焦强度，达到降低再生剂藏量，同时较好地发挥催化剂活性作用以外，还考虑要防止催化剂在高温下水热失活。这是因为再生时烧氢速度远大于烧炭速度。如果焦中炭烧掉 70%，则焦中氢被烧掉 94% 左右，进入第二段再生时所剩 6% 的氢变成水蒸气，其分压很低已不足引起水热减活。这也是两段再生工艺得到广泛应用的原因。

### 37. 焦炭产率过高对催化裂化过程有什么影响？怎样减少生焦？

答：焦炭产率过高，催化剂活性和比表面积下降，再生器床层超温，严重时会烧坏设备，系统热量过剩。

减少生焦的措施如下：

(1) 用蒸汽、干气预提升提升管底部再生剂。当高温、低含炭量的再生催化剂从再生器输入提升管底部时，先与轻质烃和水蒸气混合物接触，可以钝化催化剂上的重金属，同时有利于加快催化剂在提升管内的输送速度，使催化剂和原料充分混合、接触，有利于减少生焦。

（2）提高原料雾化效果。为了使传热效率提高，原料油雾化形成的液滴越小越好。

（3）适当提高再生温度。适当提高再生温度，能加速进料的雾化和汽化，也降低了再生催化剂含炭量，而且由于催化剂循环量减少使反应剂油比减少，可以减少总生焦率。

（4）提升汽提效果。

（5）提升管出口装设快速分离设施。为减少二次反应，提升管出口应安装快速分离设施，快速分离催化剂和反应油气，使反应快速终止。这样可以降低焦炭产率，获得高选择性的产品分布。

（6）外排部分油浆。油浆比原料难裂化，焦炭产率高，外排一部分油浆可以降低生焦量。

## 38. 在催化裂化再生器处设置取热器的目的是什么？

答：当催化裂化反应生焦量在5%左右时，催化裂化装置本身可以维持热平衡，当焦炭产率超过这一界限时，会出现因热量过剩而超温的问题，引起再生器内温度升高，设备器壁超温，同时催化剂破裂，活性下降，导致裂解过度、气体收率显著上升、液体收率下降等问题。蜡油裂化一般不会出现焦炭产率过高、热量过剩的问题，当原料掺有部分渣油或全部为渣油时，焦炭产率显著提高，此时就可以设置取热器，将这些多余的热量取出用于发生蒸汽，并有利于维持反应—再生系统的热平衡。

## 39. 什么是内取热器和外取热器？

答：在再生器密相床层内安装盘管进行取热，取热盘管及其他相关的构件组成内取热器。

将催化剂从再生器密相床引出来经过一个换热设备，通过使水汽化取热，这种换热设备即外取热器。

## 40. 内取热器有什么优点和缺点？

答：内取热器设置在再生器密相床层内，沿再生器周边布置，结构紧凑，投资小。但其操作弹性小，取热面积固定，取热量较为恒定，调节取热量大小比较困难，不适合处理量或原料性质经常变化的场合。同时因再生器床层内部温度较高，需要选用低合金耐热钢为取热器盘管材料。由于内取热方式操作灵活性差，取热管易于损坏，近年来已被外取热方式逐渐替代。

## 41. 外取热器有什么优点和缺点？

答：通过调节单动滑阀的开度，控制通入外取热器的催化剂流量，可对取热负荷从 0～100% 进行调节，因而外取热器的可调节范围大，适用范围广；同时通过调节取热量大小，可有效控制再生床层温度，有利于反应—再生系统的热平衡；取热量通过调节催化剂流量实现，外取热器给水不中断，取热管管壁可及时冷却，可控制壁温不超过碳钢的允许温度范围，从而可选用碳钢制造，减少合金钢的使用。

但外取热器与再生器之间需要连接管道和阀门，增加了投资和维护费用。

### 42. 影响内取热器传热系数的因素有哪些？

答：床层温度、气体线速度、催化剂料面高度或取热管埋入深度、床层催化剂密度、管内水的汽化率等都会影响传热系数，在给定的原料性质和处理量情况下，主要影响内取热器传热系数的因素是床层催化剂料面高度、催化剂密度和管内汽化率。

### 43. 影响外取热器传热系数的因素有哪些？

答：换热管的管径和管长、管子的排列方式、催化剂颗粒形状、催化剂颗粒尺寸、气体的流速、催化剂的流速、流化床的当量直径和床层温度等都是影响外取热器传热系数的因素。

### 44. 外取热器的主要形式有哪些？

答：工业应用的外取热器主要有下行式外取热器和上行式外取热器两种类型，其结构如图3-6所示。

下行式外取热器如图3-6（a）所示，从再生器来的催化剂自上而下通过取热器，流化空气则自下而上穿过取热器，流化空气的流速范围为 0.3 ~ 0.5m/s，使催

(a) 下行式外取热器　　　(b) 上行式外取热器

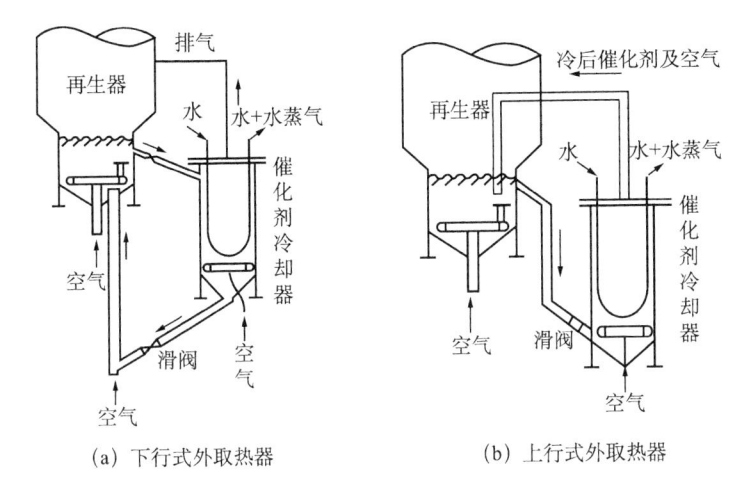

图 3-6　工业应用的外取热器

化剂保持流化状态。在取热器内形成了密相床层和稀相区，夹带少量催化剂的气体从上部的排气管返回再生器的稀相区。取热器内装有管束，通入软化水以产生蒸汽，从而带走热量。

上行式外取热器如图 3-6（b）所示，热催化剂进入取热器底部，输送空气以 1.0～1.5m/s 的表观流速携带催化剂自下而上经过取热器，经顶部出口管线再返回再生器密相床层的中上部。在取热器内的气固流动属于快速床范畴，其催化剂密度一般为 100～200kg/m$^3$。

## 45. 再生压力或两器（反应器和再生器）压差的控制手段是什么？

答：对于没有烟气轮机的装置，通过控制双动滑阀的开度来控制再生压力或两器压差；对于有烟气轮机的装置，通过控制双动滑阀和烟气轮机进口蝶阀的开度来控制再生压力或两器压差，为了多回收烟气中的能量，一般希望在满足再生压力或两器压差的前提下，烟气轮机进口蝶阀尽可能开大，而双动滑阀尽可能关小。

### 46．催化裂化装置设置事故蒸汽的作用是什么？

答：事故蒸汽的作用是保证在中断进料时，提升管内的催化剂维持流化状态，不发生噎塞，并防止油气倒入再生器，烟囱冒黄烟或发生重大事故。

### 47．分馏的基本原理是什么？

答：分馏是利用气液两相中各组分相对挥发度的不同来进行产物的分离。蒸气从塔底向塔顶上升，液体从塔顶向塔底下降，每块塔板上气液两相相互接触，气相部分冷凝，液相部分汽化，使得液相中轻组分向气相传递，而气相部分冷凝，使其中的重组分向液相传递，从而气相中轻组分逐渐富集、液相中重组分逐渐富集，产物得以分离。

### 48．与其他分馏塔相比，催化裂化分馏塔的特点有哪些？

答：催化裂化分馏塔的特点如下：

（1）塔底设有脱过热段。由于分馏塔进料是带有催化剂粉尘的过热油气，塔体设置脱过热段，用经过冷却的油浆将油气冷却到饱和状态，并将夹带的粉尘洗涤下来，以便进行分馏和避免堵塞塔盘。

(2) 全塔余热量大，产品分离精确度要求易于满足。一般设有多个循环回流回收热量。

(3) 塔顶采用循环回流而不用冷回流。由于进入分馏塔的油气含有大量的惰性气体和不凝气，会影响塔顶冷凝冷却器的效果，采用循环回流代替冷回流，可以降低从分馏塔顶至压缩机入口的压降，从而提高压缩机入口压力，降低其功率消耗。

## 49．催化裂化分馏塔采用固舌形塔盘有什么好处？

答：催化裂化分馏塔采用固舌形塔盘的好处如下：

(1) 处理量大。固舌形塔盘的气相动能因数较大，其上限大于筛孔板等正常操作时的气相动能因数上限。催化裂化分馏塔的处理量大，特别是中段回流段，液相负荷大，适宜于采用固舌形塔盘。

(2) 压降较小。符合催化裂化分馏塔压降要小的要求，以提高压缩机入口压力。

(3) 不易堵塞。催化裂化分馏塔底部虽有油浆循环回流的脱过热段洗涤催化剂细粉，但在塔的下几层塔板上仍有固体颗粒存在，采用固舌形塔盘可防止堵塞。

## 50．催化裂化分馏塔的顶循环回流、中段循环回流和塔底回流各起什么作用？

答：顶循环回流是从塔顶的下面几块塔盘上抽出的

液体经冷却后返回塔的最上一层塔盘，使以下各层塔盘都有内回流。催化裂化分馏塔的顶循环回流除具有回收余热及使塔中气液相负荷均匀的作用外，还担负着使粗汽油干点合格的任务。

中段循环回流包括一中回流和二中回流，是在侧线产品抽出板的下面几块塔板上抽出液体，经冷却返回侧线抽出板的下面一层。一中回流主要有使轻柴油凝点合格、回收塔内余热、提供吸收稳定系统热量、使塔内气液相负荷均匀等作用。二中回流主要是多取热以减少一中回流的取热量，而且由于二中回流温度较高，可回收较高温位的能量，为吸收稳定系统提供热量。

塔底循环回流是将塔底油浆分出一部分进行冷却后再返回塔中，催化裂化分馏塔进料是反应器来的高温过热油气，带来了巨大的热量，还带有催化剂粉末，塔底循环回流一方面可以从塔底取出大量高温位热量回收利用，从而降低塔中上部负荷；另一方面，油浆的循环可以把油气中的颗粒冲洗下来，以免堵塞上部塔盘。

## 51. 分馏塔脱过热段为何用人字或工字挡板而不用塔盘？

答：分馏塔设置脱过热段的目的是利用塔底循环油浆将高温油气迅速冷却，避免结焦，并把所夹带的催化剂粉尘洗脱下来。这里气液流量很大，为了防止固体堵塞，避免阻力过大，因此设置人字或工字挡板而不用塔盘。

## 52. 分馏塔油浆分上下返塔的目的是什么？

答：一部分油浆从人字或工字挡板上方进口返塔可保证脱过热并将催化剂粉末冲洗下来；另一部分油浆从下进口直接打入塔底液相，利用温度较低的油浆将塔底温度降下来，抑制结焦的生成。

## 53. 催化裂化装置中吸收—稳定系统的作用是什么？

答：从分馏塔顶来的富气和粗汽油进入吸收—稳定系统，富气中带有汽油组分，而粗汽油中则溶解有 $C_3$ 和 $C_4$ 组分。吸收—稳定塔利用吸收和蒸馏的方法将富气和粗汽油分离成干气（$\leqslant C_2$）、液化气（$C_3$ 和 $C_4$）和蒸气压合格的稳定汽油。

## 54. 吸收进行的推动力是什么？怎样提高吸收的推动力？

答：吸收过程进行的推动力是组分在气相中的分压和液相中的分压之差。提高推动力的方法有降低吸收剂温度、选择对组分气体溶解度较高的吸收剂、提高吸收操作的压力等。

## 55. 吸收与蒸馏有何异同之处？

答：吸收与蒸馏的相同之处：二者都是气液两相间的平衡问题。不同之处如下：吸收是利用混合物中各组分在溶剂中的溶解度不同而实现分离，而蒸馏是利用混

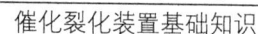

合物中各组分挥发度不同而达到分离的目的；吸收过程只包括被吸收组分自气相向吸收剂的单向传质，而蒸馏过程则是双向传质，不仅有气相中的重组分进入液相，还有液相中的轻组分转入气相；吸收过程中气相温度高于露点，而液相温度低于泡点；吸收剂由塔顶进入，逐渐下行并吸收气体中的某些组分，由上向下越来越轻，而精馏塔气相处于露点温度，液相处于泡点温度，气液两相都是饱和状态，液相向下流动的过程中，重组分越来越多。

### 56. 吸收塔设置中段回流的目的是什么？

答：吸收过程是一个放热过程，为提高吸收效果，要保证吸收在较低的操作温度下进行，因此设置中段回流，从上一层塔盘抽出液体经冷却后打入下一层塔盘。

### 57. 催化裂化工艺流程中除了吸收塔，还设置再吸收塔，其目的是什么？

答：由于经过吸收后的贫气中含有汽油组分，为了增加汽油收率、减少干气带油，设置再吸收塔，以轻柴油为吸收剂将汽油组分吸收下来。

### 58. 稳定塔进料位置改变对汽油蒸气压有什么影响？

答：稳定塔进料位置上移，提馏段塔板数增加，有利于控制汽油蒸气压,但不利于控制液态烃中的 $C_5$ 含量。稳定塔进料位置下移,精馏段塔板数增加,有利于控制液态烃中的 $C_5$ 含量,而不利于汽油蒸气压的控制。因此,一般催化裂化稳定塔均有两个以上进料口,在生产中根据实际情况进行调整。

### 59. 什么是热泵?

答:热泵就是能把热量从低温处送往高温处,使之成为可用能,以供生产、生活使用的装置。热泵工作的原理是热功转换的逆向循环。

### 60. 燃料的高热值和低热值分别指什么?

答:燃料的高热值是指燃料完全燃烧后所生成的水以液体状态存在时计算出来的热值。

燃料的低热值则是指燃料完全燃烧后生成的水为蒸汽状态时计算出来的热值。

### 61. 余热锅炉是怎样的一种设备?

答:余热锅炉是回收再生烟气的热量产生蒸汽的设备,可分为补燃式余热锅炉和常规余热锅炉两种。

一般补燃式余热锅炉炉膛内呈微正压,常用于有烟气轮机的能量回收工艺,通过瓦斯补燃提高过热段烟气温度,确保过热蒸汽的品质。补燃式余热锅炉工艺流程如图 3-7 所示。

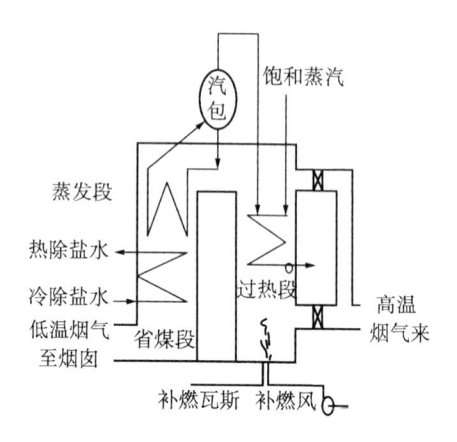

图 3-7　补燃式余热锅炉工艺流程

常规余热锅炉炉膛呈微负压，一般用于没有烟气轮机的能量回收工艺，由于炉膛内烟气温度偏高，因此能够满足过热饱和蒸汽的需要。常规余热锅炉工艺流程如图 3-8 所示。

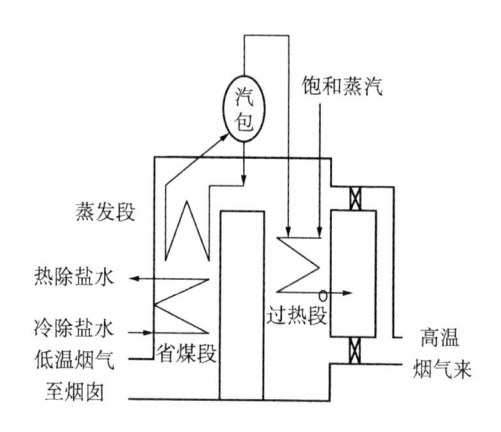

图 3-8　常规余热锅炉工艺流程

## 62. 催化裂化烟气的动力是如何回收的？

答：催化裂化烟气的动力常用烟气轮机动力回收机组进行回收。烟气轮机机组一般采用同轴方式，即把烟气轮机、主风机、汽轮机、齿轮箱和电动机/发电机的各轴端用联轴器串联起来，成为一起旋转的机组。同轴机组的驱动方式有汽轮机组辅助驱动、电动机/发电机辅助驱动、汽轮机和电动机/发电机辅助驱动以及汽轮机辅助驱动并带动发电机。

烟气轮机机组也可以采用分轴机组，主风机由汽轮机或电动机驱动，烟气轮机单独驱动发电机，使得烟气发电机组与主风机组互不影响，烟气轮机和主风机不受同一转速限制，能在最佳转速下运行，效率均能提高。

## 63. 催化裂化装置的余热如何回收较为节能？

答：催化裂化装置中有一些高于300℃的高温余热，可以用来发生中压蒸汽。例如，再生烟气、循环油浆、中段循环回流等均具有较高的温度，可用来发生4.0MPa蒸汽，用于背压汽轮机做功后再作为1.0MPa蒸汽使用，用作工艺及全厂用气，可以达到有效节能的效果。

催化裂化装置还有大量的130℃左右的低温热，可利用其进行换热，如利用分馏塔顶油气、稳定汽油、一中回流和轻柴油的低温段物料来加热各种用途的水。还可与锅炉联合或电站热联合，有效地回收低温位热能，利用产品的余热与电站脱盐水换热可减轻真空脱氧水的供热；与锅炉脱氧水的换热提高水进入锅炉的温度，增加蒸汽发生量。也可进行装置之间的热联合，如气体分馏装置各塔底重沸器。以循环脱盐水作为热载体，分别与分馏塔顶油气、顶循环回流和轻柴油换热，可把脱盐水由60℃加热到100℃，作为气体分馏装置丙烯塔底重沸器热源，可降低使用低压蒸汽的能耗。或者利用产品余热进行采暖伴热，特别适合北方的炼油厂，冬季气温低，持续时间长，采暖伴热在能耗中占有相当的比例。除此之外，也可进行低温发电。

### 64. 什么叫露点腐蚀？如何防止露点腐蚀？

答：当烟气温度低于水蒸气的露点温度时，烟气中的水蒸气会冷凝下来，与烟气中的 $SO_2$ 和 $SO_3$ 一起对管子进行化学腐蚀和电化学腐蚀，称为露点腐蚀。

化学腐蚀过程：

$$H_2SO_4 + Fe \longrightarrow FeSO_4 + H_2\uparrow$$
$$H_2SO_3 + Fe \longrightarrow FeSO_3 + H_2\uparrow$$

电化学腐蚀过程：

负极(Fe)：$Fe - 2e \longrightarrow Fe^{2+}$（氧化）
正极($Fe_3C$)：$2H^+ + 2e \longrightarrow H_2\uparrow$（还原）

当 $SO_2$、$SO_3$ 和 $H_2O$ 一起在管子表面冷凝时，就在金属表面形成许多微电池。其中，电位低的铁是负极，发生氧化应，金属铁不断地被腐蚀，$Fe^{2+}$ 连续进入溶液；电位高的碳化铁（$Fe_3C$）或焊渣杂质为正极，正极上进行还原反应，溶液的 $H^+$ 得到电子而成为氢气。表面越是不光滑（如焊缝）或杂质越多，电化学腐蚀越严重。

防止露点腐蚀的方法如下：

(1) 选用耐腐蚀的材料，如玻璃钢、玻璃。

(2) 在空气预热器的管子表面进行防腐蚀处理。

(3) 将部分空气预热器出口的热空气返回进口，以提高空气温度。

(4) 控制适宜的排烟温度。

(5) 烟道及对流部位加强保温措施。

# 第四章 气固流态化原理

## 1. 什么叫固定床？

答：当流体流过固体颗粒床层时，固体颗粒不因流体经过而移动，该床层称为固定床。在固定床的状态下，颗粒之间没有相对移动，床层空隙率 $\varepsilon$ 不变。随流体流速增加，流体的流动压降不断增加，流体压降可以用经典的 Ergun 公式表达：

$$\frac{\Delta p}{H} = 150\frac{(1-\varepsilon)^2}{\varepsilon^3}\frac{\mu u}{d_s} + 1.75\frac{1-\varepsilon}{\varepsilon^3}\frac{\rho_f u^2}{d_s}$$

式中　$\Delta p$——流体经过高度为 $H$ 的固体颗粒床层时的压降，Pa；

$\varepsilon$——床层空隙率；

$u$——流体的表观流速，即流体的总流量除以床层截面积，m/s；

$d_s$——固体颗粒的比表面积当量直径，m；

$\mu$——流体黏度，Pa·s；

$\rho_f$——流体密度，kg/m³。

## 2. 什么叫移动床？

答：固体颗粒自床层顶部连续进入，并逐渐下移，并从床层底部连续流出，移动过程中颗粒之间基本没有相对运动，颗粒床层整体下移运动，此即移动床，也可看作移动的固定床。

## 3. 什么叫流化床？

答：固体颗粒在流体的作用下转变为类似流体状态，作用于固体颗粒的流体可以是气体或液体，此即固体颗粒的流态化，此时颗粒床层即为流化床。当流体向上流过固体颗粒的床层时，在气速较低时，固体颗粒床层先处于固定床状态，流体速度增加到一定程度时，流体流动施加给颗粒的曳力与颗粒的重力平衡，使得颗粒开始悬浮在流体中，此时颗粒开始进入流化状态（即初始流态化），进一步提高流体速度，颗粒之间的距离会逐渐增大而表现为不同的流化状态，如密相流态化和循环流态化。容器、固体颗粒层及向上流动的流体是固体流态化的三个基本要素。固体颗粒在流化状态下，床层将具有一些类似流体的性质。

## 4. 什么叫初始流态化？

答：当流体向上流过固体颗粒的床层时，若无人为限制颗粒运动的措施，流体流速上升到某一临界值时，流体流动带给颗粒的曳力与颗粒的重力刚刚达到平衡，颗粒被流体悬浮起来的状态，即为初始流态化，又称最小流态化、起始流态化、临界流态化。相应的流体速度即为初始流化速度，又称临界（起始）流化速度或最小流化速度，记为 $u_{mf}$。从最小流化状态开始增加流速时，床层空隙率会增大，床层发生膨胀。

### 5. 床层空隙率指的是什么？

答：固体颗粒床层中颗粒间自由体积（空隙体积）占床层总体积的比例为床层空隙率，用公式表达如下：

$$\varepsilon = \frac{空隙体积}{床层体积} = 1 - \frac{固体颗粒体积}{床层体积} = 1 - \frac{V_p}{V_B} = 1 - \frac{\rho_B}{\rho_p}$$

式中  $V_p$——固体颗粒所占的体积（不含颗粒间形成的空隙），$m^3$；

$V_B$——固体颗粒堆积的床层所占的体积（包含颗粒间形成的空隙），$m^3$；

$\rho_B$——固体颗粒的堆积密度，$kg/m^3$；

$\rho_p$——颗粒密度，$kg/m^3$。

### 6. Geldart 颗粒分类法是怎样对颗粒进行分类的？

答：Geldart 颗粒分类法由 Geldart 于 1973 年提出，根据颗粒和气体密度差与平均粒径的大小对颗粒进行分类，该颗粒分类法只适用于气固系统，将颗粒分为 A、B、C 和 D 四类（图 4-1）。

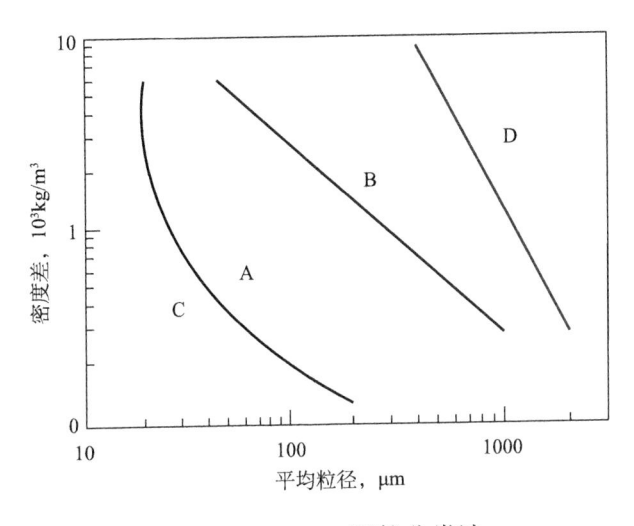

图 4-1 Geldart 颗粒分类法

A 类颗粒一般具有较小的粒度（30～100μm）和较小的颗粒密度（<1400kg/m³），又称细颗粒或可充气颗粒，其初始鼓泡速度明显高于初始流化速度，床层在达到鼓泡点之前会有明显膨胀。催化裂化催化剂是典型的 A 类颗粒。

B 类颗粒一般具有较大的粒度（100～600μm）及表观密度（1400～4000kg/m³），又称粗颗粒或鼓泡颗粒，其初始鼓泡速度与初始流化速度相等。气速一旦超过初始流化速度，床层内即出现两相，即气泡相和密相。沙粒即典型的 B 类颗粒。

C 类颗粒一般平均粒度在 20μm 以下，属于黏性颗粒或超细颗粒。因颗粒粒径较小，颗粒间作用力相对较大，极易导致颗粒聚团，流化过程中易形成沟流，但在较高的气速下会以聚团的形式流化。

D类颗粒一般平均粒径在0.6mm以上，属于过粗颗粒或喷动用颗粒。D类颗粒流化时易产生极大的气泡或节涌，使操作难以稳定。D类颗粒较适用于喷动床操作。玉米、小麦等颗粒属于D类颗粒。

### 7. 什么叫散式流态化？

答：当流体速度超过初始流化速度时，床层中看不到明显气泡或不均匀性，颗粒能够较均匀地分布在床层中的流化状态，即散式流态化。当液体为流化介质时，由于液固两相之间的密度差较小，在较大的流速范围内都可处于散式流态化的状态。对于A类颗粒，以气体作为流化介质时，在气速刚刚超过初始流化速度的一段操作范围内，床层会均匀膨胀形成散式流态化。

散式流态化状态下，流化质量较高，颗粒能够较均匀地分布在床层中，颗粒和流体之间接触较为均匀，使得全床有较为均匀的传质传热效果，流体具有较为均匀的停留时间。

### 8. 什么叫聚式流态化？

答：当流体速度超过初始流化速度时，床层很不稳定，发生鼓泡或流体沟流现象的流化状态即聚式流态化。由于床内有气泡形成，因此也称为鼓泡流态化。对于以气体作为流化介质的情况，经常发生聚式流态化。对于B类和D类颗粒，当气速超过初始流化速度后，会出现气泡，呈现聚式流态化的状态；对于 A 类颗粒，在刚刚超过初始流化速度的一段操作范围内，会形成散式流态化的状态，但进一步提高气速则会导致气泡的生成，形成聚式流态化。

聚式流态化中，存在明显的两相：一相为主要是气体（常常夹带少量颗粒）的气泡相或稀相；另一相为由颗粒和颗粒之间气体组成的颗粒相或密相。由于大部分的气体经由气泡相通过床层，减少了和大部分颗粒接触的机会而短路，使得聚式流态化的流化质量较散式流态化差。

### 9．什么叫鼓泡流态化？

答：当流化介质（流体）流速高于最小流化速度或最小鼓泡速度后，一部分"多余"的气体以鼓泡形式通过床层而形成的流化状态就是鼓泡流态化。例如，气固流态化中 B 类和 D 类颗粒，气速超过最小流化速度即进入鼓泡流态化状态；而对于 A 类颗粒，当气速超过最小鼓泡速度后才进入鼓泡流态化状态。刚产生气泡时，对应的流化介质流速即为最小鼓泡速度，相应的床层空隙率即为最小鼓泡空隙率。

在气固鼓泡流态化中，气泡在分布板附近产生，并沿床层上升，上升过程中，气泡之间发生聚并，小气泡不断长大，并逐渐加快上升速度。这些气泡的存在造成部分反应气体经气泡短路通过床层，对化学反应产生不利影响。但另一方面，气泡流动所引起的强烈搅动，也增加了气固接触效率，强化了传质和传热行为。

### 10. 什么叫湍动流态化？

答：出现鼓泡流态化之后，气速继续提高到一定程度，床层湍动加剧，气泡尺寸变小，边缘模糊，密相区和稀相区仍然存在但界面不再清晰的流化状态即湍动流态化。

湍动流态化状态下，流化床中气泡的聚并和破裂频率极高，平均气泡直径变小，气固接触效率提高，但夹带现象严重。

### 11. 什么叫密相流态化？

答：密相流态化即存在连续的浓相区的流态化状态，包括散式流态化、鼓泡流态化和湍动流态化。

与密相流态化相应的流化床即密相流化床，典型的气固密相流化床由床体、气体分布器、旋风分离器、料腿、换热器、扩大段和床内构件等若干部分组成，其中一些部分不一定在每一个具体的密相流化床中出现，其具体构成取决于工艺过程和操作条件。

图 4-2 显示了气固密相流化床的结构及主要组成部分。

### 12. 什么是节涌现象？

答：在鼓泡流态化状态下，气速提高到一定程度

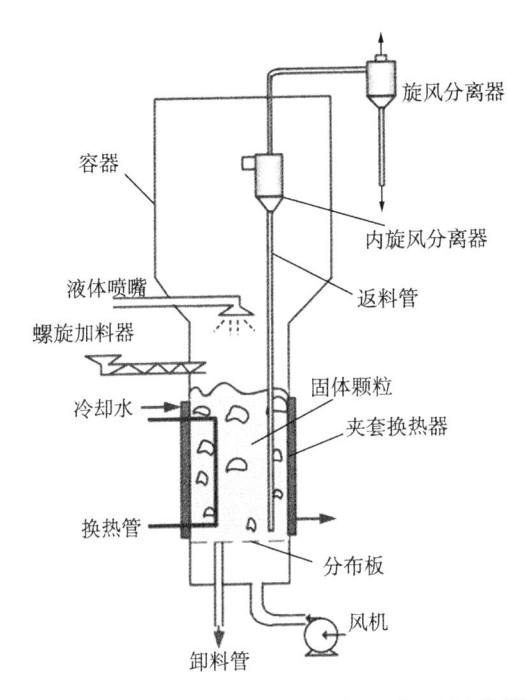

图 4-2　气固密相流化床的结构及主要组成部分

时，气泡长大到接近床层截面的尺寸，形成气栓，气栓以活塞状上升到床层表面并发生破裂，导致床层剧烈波动，后续气栓不断形成层、上升、破裂而引起的床层剧烈而有规律的波动现象即节涌，又称腾涌（图 4-3）。其相应的操作称为节涌流态化。

节涌状态下，床层压降脉动剧烈但较有规律，通常会使夹带加剧，气固接触效率和操作稳定性较低。节涌会增大固体颗粒的机械磨损和带出，并使设备内部受到冲击而损坏床内零部件。对于长径比较大的流化床，较易出现节涌现象。例如，流化催化裂化过程中，当催化剂颗粒平均粒径大于 100μm、气速高于 0.3m/s、长径比大于 10 时，会产生节涌。粒径大的颗粒比小粒径颗粒易产生节涌。

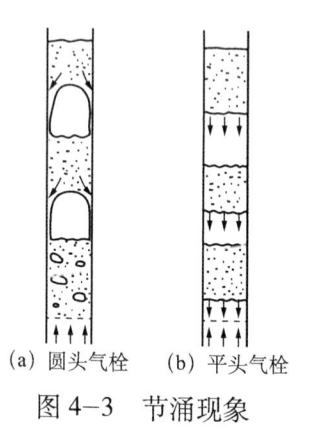

(a) 圆头气栓　(b) 平头气栓

图 4-3　节涌现象

## 13. 什么是沟流现象？

答：在气固流态化中，气体通过床层，气速超过初始流化速度，但部分床层并不流化，床内形成一条狭窄通道，大量气体从通道短路穿过床层，这一现象就是沟流（图 4-4）。

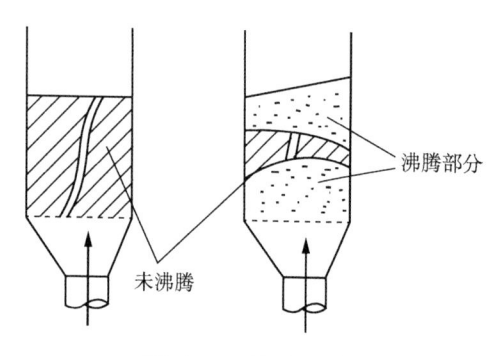

图 4-4　沟流现象

沟流时，床层密度不均匀。工业生产中易造成催化剂颗粒的烧结，降低催化剂的寿命和效率，从而降低设备的生产强度。

颗粒粒径较小且气速较低时，潮湿、易黏结、聚团的颗粒易产生沟流；当流化床分布板设计不当时，通气孔过少或过孔气速太低也易造成沟流。可通过加大气速、预先干燥物料或设置流化床内构件的方式消除沟流。

### 14. 什么是颗粒真密度？

答：颗粒真密度为组成颗粒的材料本身的密度，又称骨架密度或材料密度。颗粒的真密度常以 $\rho_s$ 表示，以颗粒质量除以不包括所有内孔（开放孔及封闭孔）在内的颗粒体积来计算（图4-5中的斜线部分）。

图4-5 颗粒真密度定义对应的颗粒体积计算方法

(以斜线部分表示，除去开放孔与封闭孔)

### 15. 什么是颗粒密度？

答：颗粒密度即整个颗粒的平均密度，又称假密度或表观密度。颗粒密度常以 $\rho_p$ 表示，以颗粒的质量除以包括所有内孔在内的颗粒体积计算。颗粒密度计算所用颗粒体积如图4-6中斜线部分所示,包含颗粒中的孔在内。颗粒密度和颗粒真密度之间的关系如下:

$$\rho_p = \rho_s (1-\delta)$$

式中　$\rho_p$——颗粒密度;

$\rho_s$——颗粒真密度;

$\delta$——颗粒内孔隙率。

图4-6　颗粒密度定义对应的颗粒体积计算方法

[以斜线部分表示,包含所有孔(开放孔及封闭孔)]

## 16. 什么是颗粒堆积密度?

答:颗粒物料质量与颗粒堆积(包括颗粒内、外孔和颗粒间空隙)之比称为颗粒的堆积密度,常以$\rho_b$表示。颗粒堆积密度计算所用颗粒体积如图4-7所示。当颗粒的堆积体积以处于自然堆积状态未经振实时的体积计时,所计算出的堆积密度称为松堆密度;当颗粒的堆积体积以经一定规律振动或轻敲后的体积计时,所计算出的堆积密度称为振实密度。

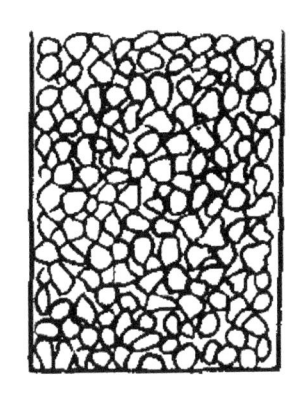

图 4-7 颗粒堆积密度定义对应的颗粒体积计算方法

### 17. 颗粒的比表面积有何含义？

答：颗粒的比表面积是指单位体积颗粒所具有的表面积，即颗粒表面积与颗粒体积之比，常记为 $a$。计算方法如下：

$$a = \frac{S_p}{V_p} = \frac{6}{d_{sv}}$$

其中，$S_p$ 为颗粒的表面积，$V_p$ 为颗粒的体积，$d_{sv}$ 为颗粒的等比表面积当量直径。对于给定体积的颗粒，一般比表面积越大的颗粒，其形状偏离球形越远。

### 18. 什么是颗粒的等效直径？

答：与被考察颗粒某一物理性质相同的球形颗粒的直径，就是颗粒的等效直径，又称当量直径。常用的当量直径有等体积当量直径、等表面积当量直径及等比表面积当量直径。

若某球形颗粒具有与被考察颗粒相同的体积,则该球形颗粒的直径即为被考察颗粒的等体积当量直径,记为 $d_v$。

$$d_v = \left(\frac{6V_p}{\pi}\right)^{\frac{1}{3}}$$

若某球形颗粒具有与被考察颗粒相同的表面积,则该球形颗粒的直径即为被考察颗粒的等表面积当量直径,记为 $d_s$。

$$d_s = \left(\frac{S_p}{\pi}\right)^{\frac{1}{2}}$$

若某球形颗粒具有与被考察颗粒相同的比表面积,则该球形颗粒的直径即为被考察颗粒的等比表面积当量直径,记为 $d_{sv}$。

$$d_{sv} = \frac{6V_p}{S_p}$$

其中,$V_p$ 为实际颗粒的体积,$S_p$ 为实际颗粒的表面积。不同的等效直径用于不同的场合,等体积当量直径常用于流体力学研究,等表面积当量直径常用于传热及传质研究,等比表面积当量直径常用于固定床压降计算。

### 19. 什么是颗粒的球形度？

答：颗粒的球形度代表颗粒外形接近球体的程度。是一个量纲为 1 的参数，常记为 $\phi_s$。颗粒的球形度有不同的计算方法，常用的计算方法为与被考察颗粒体积相等的球体表面积 $S_v$ 与被考察颗粒表面积 $S_p$ 之比：

$$\phi_s = \frac{S_v}{S_p} = \frac{\pi(6V_p/\pi)^{\frac{2}{3}}}{S_p}$$

对于球形颗粒，$\phi_s=1$；而对于其他形状的颗粒，$0 < \phi_s < 1$。

### 20. 什么是颗粒的终端速度？

答：密度大于流体的颗粒在流体中由静止状态开始自由沉降，颗粒逐渐加速，当颗粒所受的重力与流体所给的浮力和曳力之和相等时，颗粒呈等速运动，此状态下颗粒相对于流体的运动速度即颗粒的终端速度，又称自由沉降速度。此速度是颗粒运动加速段终了时其相对于流体的速度。在流化床中，气速达到气体对颗粒的曳力和浮力之和与颗粒的重力相等时，颗粒会被气流带出流化床，此气速即颗粒的终端速度，在流态化领域也称带出速度。

可根据颗粒的受力平衡对终端速度进行分析计算。

以球形颗粒为例,当达到终端速度时,颗粒所受重力与流体施与颗粒的浮力和曳力之和相等,即:

$$F_g = F_b + F_d$$

$$F_g = \frac{\pi}{6} d^3 \rho_p g$$

$$F_b = \frac{\pi}{6} d^3 \rho_f g$$

曳力可采用类似流体阻力的方式计算:

$$F_d = C_D A \frac{\rho_f u_t^2}{2} = C_D \frac{\pi d^2}{4} \frac{\rho_f u_t^2}{2}$$

得

$$\frac{\pi}{6} d^3 \rho_p g = \frac{\pi}{6} d^3 \rho_f g + C_D \frac{\pi d^2}{4} \frac{\rho_f u_t^2}{2}$$

整理可得

$$u_t = \left[ \frac{4}{3} \frac{gd(\rho_p - \rho_f)}{C_D \rho_f} \right]^{\frac{1}{2}}$$

其中,$F_g$、$F_b$ 和 $F_p$ 分别表示重力、浮力和曳力;$d$ 为球形颗粒的直径;$\rho_p$ 为颗粒密度;$C_D$ 为曳力系数;$\rho_f$ 为流体密度;$u_t$ 为终端速度;$A$ 为颗粒与流动相对运动方向上颗粒的垂直投影面积。

## 21. 什么叫快速流态化？

答：从湍动流态化继续提高气速至某一临界气速之上，颗粒随气体离开床层，需要不断补充新颗粒以维持操作，此流化状态即为快速流态化。相应的流化床称为循环流化床或快床。当流化状态下从湍动流态化向快速流态化转变时，局部相结构也发生根本改变，从原湍动流态化时浓相（颗粒相）为连续相、稀相（气泡相）为分散相的结构转变为以单一颗粒形式存在的稀相和以颗粒聚集体即絮状物形式存在的浓相的结构，此时稀相为连续相，浓相为分散相。床层轴向上颗粒浓度呈上稀下浓的单调指数函数或 S 形的连续分布；而床层径向上颗粒浓度呈中心稀、边壁浓的分布形式，床层中心区颗粒浓度较低，主要以单颗粒形式存在，边壁区颗粒浓度较高，主要以絮状物形式存在。颗粒速度在床中心区主要向上，边壁区主要向下，呈现明显的内循环流动，从而导致一定程度的返混。

## 22. 气力输送是怎样的一种状态？

答：气力输送即在流化床达到快速流态化状态之后继续提高气速，床层颗粒浓度沿轴向呈现均匀分布的状态。气力输送有两种状态，在相对低的气速条件下，床层颗粒浓度相对较高，床层的压降主要来自颗粒的悬浮。随气速提高，颗粒浓度变稀，气固两相及与壁面的摩擦对床层压降的影响逐渐增强，压降仍然随颗粒浓度变稀而逐渐降低,此阶段为密相气力输送阶段;当达到临界气速 $u_{pt}$ 以上,床层压降主要来自气固两相及与壁面的摩擦的作用,床层压降随气速的提高而增加,此时流型变为稀相气力输送(图4-8)。图中的最低点 $b$ 所对应的气速 $u_{pt}$ 即由密相气力输送向稀相气力输送转变的气速,可以以 $\left[\dfrac{\partial}{\partial u_g}\left(\dfrac{\mathrm{d}p}{\mathrm{d}H}\right)\right]_{G_s}=0$ 作为由密相气力输送向稀相气力输送转变的依据。

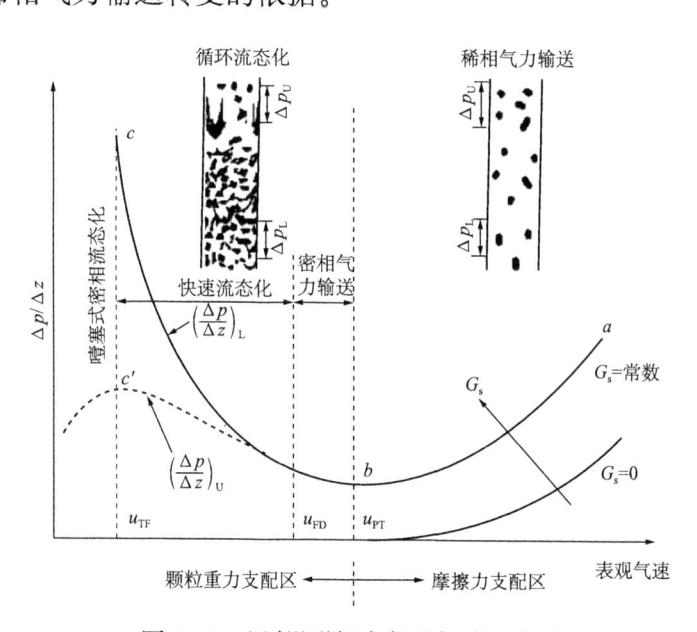

图4-8 局部压降随表观气速的变化

$\Delta p_U$—床层上部某一区间 $\Delta z$ 内的压降;$\Delta p_L$—床层下部某一区间 $\Delta z$ 内的压降;$\left(\dfrac{\Delta p}{\Delta z}\right)_U$—床层上部的轴向压力梯度;$\left(\dfrac{\Delta p}{\Delta z}\right)_L$—床层下部的轴向压力梯度;$u_{TF}$—噎塞式密相流态化向快速流态化的转变气速;$u_{FD}$—快速流态化向密相气力输送的转变气速;$u_{PT}$—密相气力输送向稀相气力输送的转变气速;$G_s$—颗粒循环速率

## 23. 噎塞是怎样的一种现象？

答：在垂直气固流动系统中，降低气速时，由气力输送状态突然过渡到密相流态化的非稳态操作，称为噎塞。

噎塞可分为以下 3 种类型：

(1) C 类噎塞，又称传统型噎塞，其特征是从气力输送状态开始，气速降低时，由于气栓或固体栓的形成，床层出现严重的不稳定性，造成流动的噎塞，使输送中断。对于细颗粒、大床径的情况，气泡直径远小于床层直径，气栓或固体栓难以形成，气固流动从稀相到密相转变较为平稳。而对于粗重颗粒，气泡直径可无限长大，当床径较小时，床层极易形成气栓和固体栓，造成噎塞。

(2) A 类噎塞，又称沉积型噎塞，当气速低于临界值——沉积型噎塞速度时，床层由气力输送状态向上稀下浓的快速流态化状态转变，颗粒在床层底部沉积，壁面处颗粒由向上转为向下流动，并会伴随出现空隙率或床层压降的突变等现象。该种噎塞出现，并不会出现阻断流动的问题。

(3) B 类噎塞，是由风机或立管等循环设备限制引起的，当供气系统（如风机）提供的压头不足以悬浮和输送给定的颗粒循环量，或由于提升管与伴床（或立管）之间压力不平衡，伴床不能像提升管提供所要求的颗粒循环速率时，颗粒发生塌落而沉积在床层底部，从而破坏床层的稳定性。

### 24. 流化床的自由空域指的是什么？

答：密相流化床中稀相和浓相界面以上的区域称为自由空域，又称自由空间。

气固密相流化床中，由于气泡逸出床面时的弹射作用和夹带作用，一些颗粒会离开浓相床层进入自由空域，同时，一些处于自由空域中的颗粒在重力作用下则会返回浓相床层，另一部分较为细小的颗粒则会被气流带出流化床。颗粒是否会被带出，与其自身的性质（粒度、密度、形状等）、流化气体的特性（密度、黏度）、流化气速以及自由空域高度有关。

在流化床上部经常会设置一段扩大段，其直径大于流化床主体直径，扩大段的设置可以显著降低流体速度，有助于自由空域内颗粒的沉降，减少颗粒带出并降低自由空域内的颗粒浓度。

### 25. 扬析和夹带分别有什么含义？

答：扬析是指从颗粒混合物中分离和带走细粉的现象。扬析过程可以发生在自由空域内的任何高度上。

夹带是指气体从床层中将颗粒夹带入自由空域的现象。在自由空域内的不同高度上，夹带的速率可能不同。

### 26. 什么是沉降分离高度？

答：自由空域内自床面到颗粒浓度不再降低的高度

之间的距离为沉降分离高度。自由空域内的颗粒浓度在靠近床面处最大，之后随高度上升逐渐减小，到达沉降分离高度后颗粒浓度达到恒定值（图4-9）。自由空域中相对较粗的颗粒（终端速度大于床层中的表观气速）以及细颗粒团在重力作用下最终会返回密相床层，相对较细未聚团的颗粒则被气体带出床层，沉降分离高度是粗颗粒和聚团细颗粒返回床层的最高高度，在高于沉降分离高度之后的空间只有细颗粒存在。

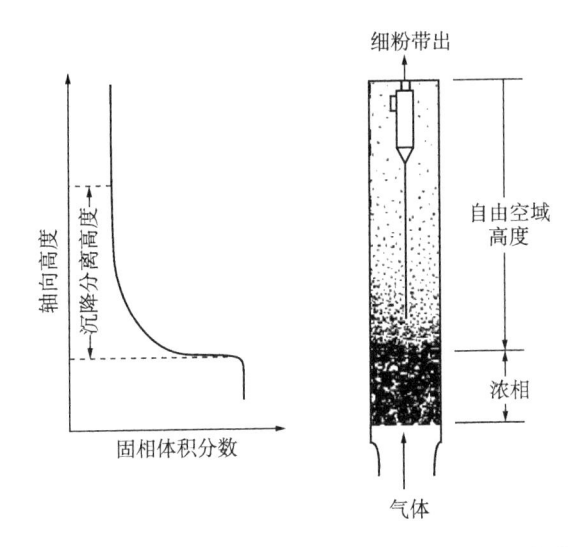

图4-9 自由空域内颗粒浓度沿高度方向的变化以及沉降分离高度的位置

## 27. 饱和夹带量有何含义？

答：饱和夹带量是指单位质量或单位体积的气体所能携带固体颗粒的极限质量。在自由空域内，因颗粒存在粒度分布，使夹带出的颗粒浓度沿高度上升逐渐下降。密相流化床中，在一定气速下能被扬析带出的颗粒尺寸和通量是一定的，达到某一高度后颗粒浓度即达到恒定，也就是达到了饱和夹带量（图4-10）。

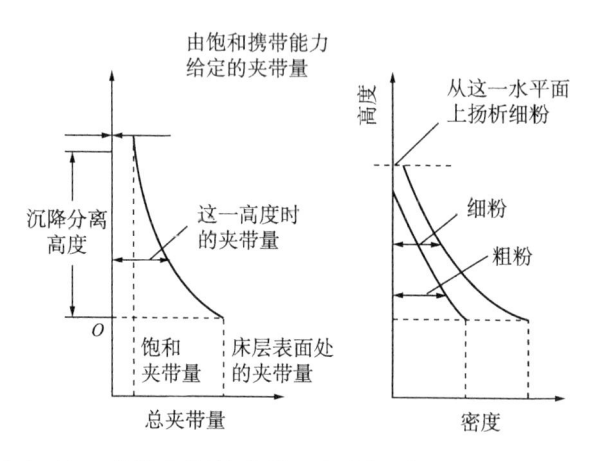

图4-10 床层中颗粒夹带、扬析及饱和夹带量的解释

### 28．什么叫循环流化床？

答：循环流化床是适用于快速流态化及气力输送的流化床设备，又称快速流化床。一般循环流化床由提升管或下行床、气固分离设备、伴床及颗粒循环控制设备等部分构成。常见的气固循环流化床系统如图4-11所示。流化气体从提升管底部引入，由伴床来的颗粒被气体携带向上流动，在提升管顶部，通常装有气固分离装置，使气固两相分离，气体排出，颗粒返回伴床并向下流动，在通过颗粒循环装置后重新进入提升管。

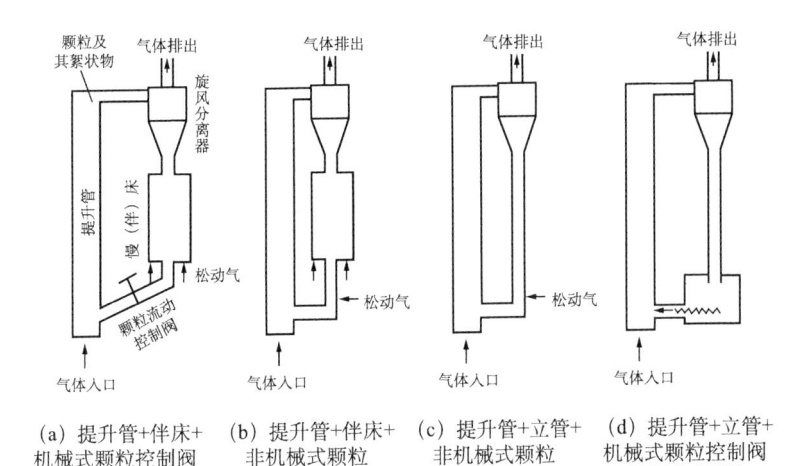

(a) 提升管+伴床+
机械式颗粒控制阀
(b) 提升管+伴床+
非机械式颗粒
控制阀（L阀）
(c) 提升管+立管+
非机械式颗粒
控制阀
(d) 提升管+立管+
机械式颗粒控制阀
（螺旋加料器）

图 4-11 常见的气固循环流化床系统

## 29．循环流化床颗粒循环速率有何含义？

答：循环流化床中颗粒的循环速率是指单位时间通过单位床层截面积的颗粒量，一般单位为 kg/（m²·s）。颗粒循环速率对循环流化床中的流体动力特性具有重要影响。

常用的颗粒循环速率的测定方式有直接观察法、蝶阀测量法和切换法等。

直接观察法是最简单的测量方法，其原理是观察循环流化床下行伴床中颗粒沿壁面下滑的速度，假定颗粒在伴床中的下滑为平推流，以下式求出颗粒循环速率。

$$G_s = \rho_p v_{pw} \frac{A_L}{A}(1-\varepsilon_{mf})$$

式中 $G_s$——颗粒循环速率，kg/(m²·s)；

$\rho_p$——颗粒密度，kg/m³；

$v_{pw}$——观察到的颗粒沿壁面下滑的速度，m/s；

$A_L$——下行伴床的横截面积，m²；

$A$——循环流化床的床层截面积，m²；

$\varepsilon_{mf}$——初始流化床层空隙率。

直接观察法简单，对伴床中颗粒流动没有影响。但因颗粒在伴床中的下滑并非平推流而导致误差。该方法比较适合于测量较大颗粒的循环率，颗粒太小时很难辨别出单一颗粒，不宜采用。

蝶阀测量法是在伴床中装一蝶阀，测量时迅速关闭阀门，测量阀门上颗粒的堆积速度从而得到固体颗粒的循环速率。蝶片上常钻有小孔，以减小阀门关闭对系统压力分布的影响，小孔的直径通常小于颗粒的直径，或在碟片上覆盖上筛网，以保证其关闭时没有固体颗粒通过阀门。

可以通过直接观察法或者测量蝶阀上段的压降变化来求得颗粒在蝶阀上的堆积速度。蝶阀关闭后，应等待足够的时间，确保有足够的颗粒堆积在蝶阀上，以保证测量的准确性。蝶阀测量法不复杂，准确性较高。但颗粒循环速率很大时，颗粒堆积过快，测量时间变短，从而影响精度。

切换法是将经过气固分离器分离的固体颗粒突然切换入另一和伴床平行的测量管，收集一段时间后再将颗粒切回。然后量取测量管中颗粒的高度，从下式得到固体颗粒的循环速率：

$$G_s = \frac{h_s A_m \rho_p (1-\varepsilon_{mf})}{A \Delta t}$$

式中　$G_s$——颗粒循环速率，kg/(m²·s)；
　　　$h_s$——$\Delta t$ 时间内测量管内所收集的固体颗粒的堆积高度，m；
　　　$\rho_p$——颗粒密度，kg/m³；
　　　$\varepsilon_{mf}$——初始流化床层空隙率；
　　　$A_m$——测量管横截面积，m²；
　　　$A$——循环流化床的床层截面积，m²；
　　　$\Delta t$——取样时间，s。

切换法由于需要取出一部分颗粒，因此有可能会影响系统中颗粒的运动及压力平衡，但所取出的颗粒有限，对准确性影响不大。

## 30．提升管是怎样的一种设备？

答：提升管是一种流固并流上行（即气固逆重力场流动）的流态化设备。

提升管中的流化状态处于快速流态化或气力输送的范围。提升管一般是循环流化床系统中的核心部分，在实际工业应用中，提升管主要用作化学反应器，如催化裂化过程的反应器，与鼓泡流态化、湍动流态化等密相流态化相比，其中的气固接触效率较高，气固通量较大，操作弹性较高，气固返混则小得多，较适合催化裂化这类非零级的快速复杂反应，可实现较高的转化率和选择性。但提升管的流动特征决定了其中仍存在明显的气固返混，造成气固返混的主要原因如下：气固流动速度沿床层径向的不均匀分布、颗粒沿床层的内循环流动、中心稀相区与边壁浓相区之间的交换、絮状物（颗粒聚集体）的不断形成与解体等。

### 31. 气固滑落速度有何含义？

答：气固滑落速度是指气固之间的相对速度。局部位置上的气固滑落速度即局部滑落速度，可表示如下：

$$v_{slip} = v_g - v_p = \frac{v}{\varepsilon} - \frac{G_{sr}}{\rho_p(1-\varepsilon)}$$

截面平均滑落速度则可表示如下：

$$\overline{v}_{slip} = \overline{v}_g - \overline{v}_p = \frac{\overline{v}_g}{\overline{\varepsilon}} - \frac{\overline{G}_s}{\rho_p(1-\overline{\varepsilon})}$$

式中 $v_{slip}$——颗粒的滑落速度，m/s；

$v_g$——实际气体速度，m/s；

$v_p$——颗粒速度，m/s；

$\overline{v}_{slip}$——截面平均滑落速度，m/s；

$\overline{v}_g$——截面平均气体速度，m/s；

$\overline{v}_p$——截面平均颗粒速度，m/s；

$\rho_p$——颗粒密度，kg/m³；

$G_s$——颗粒循环速率，kg/(m²·s)。

颗粒的聚团使局部滑落速度大于单颗粒的终端速度，而径向气固流动的不均匀性又造成表观平均滑落速度远大于局部滑落速度的平均值。

## 32. 气固分离设备的分离效率有何含义？

答：气固分离设备的分离效率是指单位时间内被气固分离设备捕集的固体颗粒质量占单位时间进入该分离设备的固体颗粒质量的比例。用公式表达如下：

$$\eta = \frac{W_c}{W_i} = 1 - \frac{C_e}{C_i}$$

式中  $W_c$——单位时间内分离设备捕集的固体颗粒质量，kg/s；

$W_i$——单位时间内进入分离设备的固体颗粒质量，kg/s；

$C_e$——出口气体中所含固体颗粒的浓度，kg/m³；

$C_i$——入口气体中所含固体颗粒的浓度，kg/m³。

与分离效率相应，也有以带出率或透过率来表示分离效果，透过率为

$$P = 1 - \eta = \frac{C_e}{C_i}$$

当多台分离设备串联运行时，处理气量都一样，系统的总分离效率为

$$\eta_T = 1-(1-\eta_1)(1-\eta_2)(1-\eta_3)\cdots$$
$$=1-P_1P_2P_3\cdots$$

其中，$\eta_1$，$\eta_2$，$\eta_3\cdots$分别为第1，2，3$\cdots$级分离设备的分离效率；$P_1$，$P_2$，$P_3\cdots$分别为第1，2，3$\cdots$级分离设备的带出率。

### 33．什么是粒级效率？

答：粒级效率是指某一特定粒径颗粒的捕集分离效率。粒级效率可用下式进行计算：

$$\eta_i = 1 - \frac{C_e f'_e}{C_i f'_i} = \left(1 - \frac{C_e}{C_i}\right)\frac{f'_c}{f'_i}$$

式中　$C_e$——出口气体中所含固体颗粒的浓度，kg/m³；

$C_i$——入口气体中所含固体颗粒的浓度，kg/m³；

$f'_e$——出口净化气中固体颗粒内某一粒径$d_p$颗粒所占的质量分数；

$f'_c$——捕集下来的颗粒中该粒径颗粒所占的质量分数；

$f'_i$——全部颗粒内该粒径颗粒所占的质量分数。

分离效率是对进入分离器的整个颗粒群而言的，会随着分离器的不同以及入口颗粒群的粒度分布的不同而变化，因此不便用于比较分离器本身的性能高低。而粒级效率则与入口颗粒群的粒径无关，只与分离器的性能有关。

### 34. 重力沉降器是一种怎样的设备？

答：重力沉降器是利用重力沉降分离流体中所含颗粒的设备。

图 4-12 显示了一种典型的重力沉降器，用于分离气固非均相混合物，又称降尘室。含尘气体进入降尘室后，因流道截面积扩大，速度降低，颗粒如能在气体通过降尘室的时间内沉至室底，便可以从气体中分离出来。

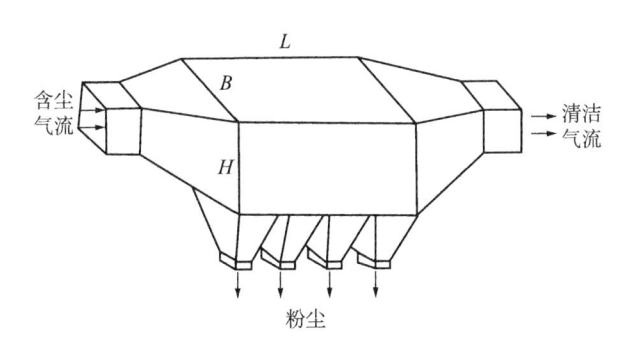

图 4-12　重力沉降器

图 4-13 显示了颗粒在沉降室运动的情况，假设与速度为 $u$ 的气流一起进入沉降室的颗粒以沉降速度 $u_t$ 向下沉降，其绝对速度为 $u$ 与 $u_t$ 的向量和。降尘室的高度为 $H$，长度为 $L$，宽度为 $b$。位于降尘室最高点的颗粒沉降至室底所需的时间为

$$\theta_t = \frac{H}{u_t}$$

气体通过降尘室的时间为

$$\theta = \frac{L}{u}$$

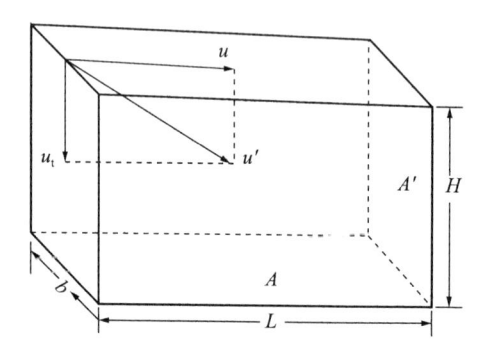

图 4-13 降尘室内颗粒的运动情况

要想将颗粒除去,需要满足 $\theta \geqslant \theta_t$,或 $L/u \geqslant H/u_t$;能够刚好被 100% 除去的最小颗粒满足 $L/u=H/u_t$,此时降尘室的生产能力 $V_s$(表示含尘气体通过降尘室的体积流量)为

$$V_s = \frac{HA}{\theta} = \frac{HA}{H/u_t} = Au_t$$

从上式可以看出,理论上降尘室的生产能力只与降尘室的底面积 $A$ 和沉降速度 $u_t$ 有关,与降尘室的高度无关。因此,可适当降低降尘室的高度,从而在生产能力不变的情况下缩小设备尺寸。通过将高度较低的多个单层降尘室重叠起来,构成多层的降尘室(图 4-14),

使得设备结构紧凑，生产能力大。一般每层高度为 25～100mm。

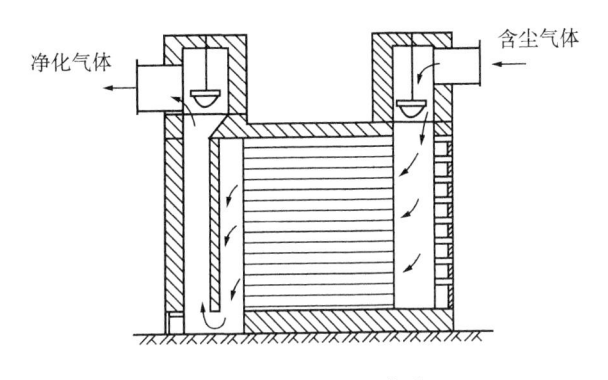

图 4-14　多层降尘室

降尘室结构简单，流动阻力小，但体积庞大，分离效率低，通常只能用于分离粒度大于 50mm 的粗颗粒，一般作为预除尘使用。多层降尘室虽然能分离较细的颗粒，占地面积小，但清灰比较麻烦。

## 35．旋风分离器是一种怎样的设备？

答：旋风分离器是一种利用惯性离心力的作用从含尘气流中分离出所含尘粒的分离设备。工作原理为依靠气流切向引入造成的旋转运动，使具有较大惯性离心力的固体颗粒甩向外壁面而得以分离。标准旋风分离器的结构如图 4-15 所示。气体在旋风分离器中的运动情况如图 4-16 所示。含尘气流沿切向进入旋风分离器之后，受器壁的约束，在器壁与排气管间的环形区内形成一个向下旋转运动的外旋气流，当外旋气流到达器底以后，转而向上形成一个向上旋转的内层气流（气芯），由排气管排出，内外旋流的旋转方向是相同的。最后净化气经排气管排出器外，一部分未被分离下来的较细尘粒也随之逃逸。气流中的颗粒在离心力的作用下，被甩向器壁，尘粒与器壁接触后，失去惯性力，而靠器壁附近的向下轴向速度的动量沿壁面下落，进入排灰管，由出粉口落入灰斗。

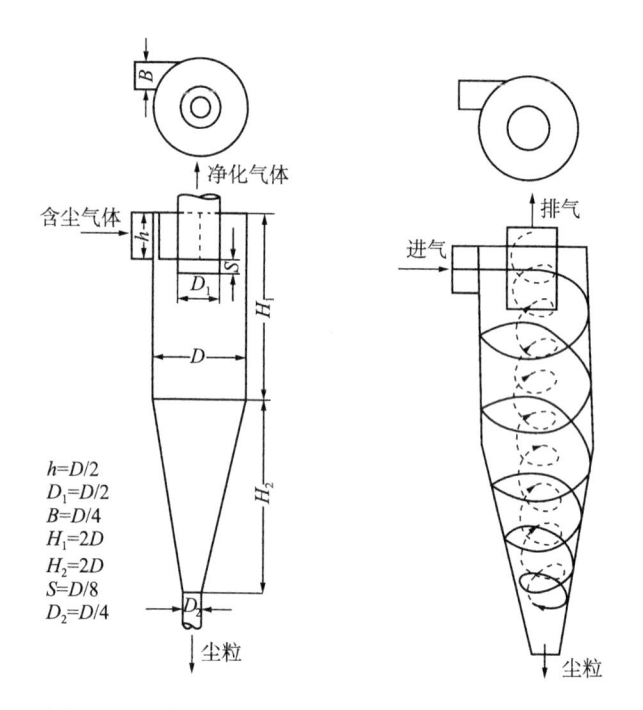

$h=D/2$
$D_1=D/2$
$B=D/4$
$H_1=2D$
$H_2=2D$
$S=D/8$
$D_2=D/4$

图 4-15 标准旋风分离器    图 4-16 气体在旋风分离器中的运动情况

旋风分离器的主要特点是结构简单、操作弹性大、效率较高、管理维修方便，以及价格低廉，用于捕集直径 5～10μm 以上的粉尘，被广泛应用于制药工业，特别适合粉尘颗粒较粗，含尘浓度较大，高温、高压条件下，也常作为流化床反应器的内分离装置，或作为预分离器使用。

## 36．影响旋风分离器分离效率的因素有哪些？

答：影响旋风分离器分离效率的因素有入口线速、催化剂入口浓度、催化剂颗粒密度、催化剂的颗粒粒径和气体黏度。

（1）入口线速。

入口线速提高，临界颗粒直径小，颗粒分离效率提高，但入口线速过高时，压降大，灰斗负压增加，灰斗负压过大将妨碍已回收下来的颗粒进入灰斗，并引起颗粒的再带起。一般规定一级旋风分离器入口线速不大于 25m/s。

（2）催化剂入口浓度。

催化剂入口浓度高，分离效率较高，但高至某一数值后，分离效率下降。

（3）催化剂颗粒密度。

颗粒密度大，分离效率高。

（4）催化剂的颗粒粒径。

催化剂颗粒越大，分离效率越高，但流化有困难。

（5）气体黏度。

气体黏度增大，分离效率下降。

## 37. 催化裂化装置三级旋风分离器的作用是什么？

答：三级旋风分离器的作用是进一步除去烟气中的催化剂，使烟气轮机入口烟气中含尘浓度不大于200mg/m³（有的不大于100mg/m³），粒度10μm的颗粒含量不大于5%，以保证烟气轮机叶片的寿命。

## 38. 什么是旋风分离器料腿？有什么作用？

答：料腿是旋风分离器锥形段底部返回流化床或进入颗粒收集容器的管道。料腿的作用就是输送旋风分离器分离下来的催化剂粉尘，并起到密封作用。料腿末端可以直接浸入浓相床中，也可以悬置在自由空域中，旋风分离器保证分离效率的一个关键因素是料腿中不能有向上倒窜的气流，因此在料腿末端常设有反窜气的装置，末端在自由空域的料腿底部常装有翼阀，浸入浓相的料腿底部也往往设有锥形堵头一类的装置。

## 39. 膨胀节的作用是什么？为什么要用反吹风？

答：膨胀节的作用是吸收设备或管道热膨胀产生的膨胀余量，防止设备或管道变形损坏。

膨胀节是随温度变化自由伸缩的，如果催化剂在其中累积，则无法发挥作用，使用反吹风吹扫可以防止催化剂的堵塞。